ロケットの世界に革命を起こしたい――

森田泰弘

イプシロンロケットプロジェクトマネージャ

JAXA
EPSILON

EPSILON THE ROCKET

イプシロン・ザ・ロケット —— 新型固体燃料ロケット、誕生の瞬間

製造中のフェアリング

CONTENTS

12 日本のロケット開発史

16 町工場

30 艤装

40 試験

50 人工衛星

60 輸送

72 組み立て

84 射座据付

96 打ち上げ

小型液体推進系（PBS）

2段3段分離機構

HISTORY
日本のロケット開発史

ペンシルロケットとIGYで始まった戦後日本のロケット開発

1955年4月、東京大学生産技術研究所の糸川英夫は、国分寺市においてペンシルロケットの水平発射実験を行った。全長わずか23センチ、A4サイズの紙に収まるほどの小さなロケットである。これが戦後日本のロケット開発の始まりとなった。日本は国際地球観測年（IGY）に参加するにあたって、高度数十キロの大気圏を観測すると表明していた。IGYが終了する1958年末までに、観測機器をこの高さへ到達させなければならない。ペンシルロケットの実験はその第一歩だった。ペンシルロケットに続く全長1メートル余りのベビーロケットでは、ロケットとの通信実験や打ち上げ機器の回収実験を行う。翌1956年にはカッパ1型ロケットが完成、IGY観測に向けたロケットの本格的な開発が始まった。そして1958年9月、日本はカッパ6型ロケットでIGY観測に参加した。

ラムダロケットで人工衛星を目指す

IGYの終了後も観測ロケットの需要は続く。ラムダロケットとミューロケットの構想は、地球の上空1000キロから1万キロに広がるバン・アレン帯を観測するために始まった。ラムダロケットの最上段に4段目のロケットを追加することで人工衛星にできるとの試算が出て、日本はミューロケットの開発を待たずに人工衛星の打ち上げを目指すこととなる。ラムダロケットは高度2000キロに達していたが、単に高度を稼ぐだけでは人工衛星にはならない。4年にわたりさまざまなトラブルが続いたL-4Sロケットは、1970年2月11日の5号機でついに人工衛星を地球周回軌道へ投入した。世界4か国目の人工衛星は打ち上げ地にちなみ「おおすみ」と命名されている。

ミューロケットと科学衛星

ミューロケットのシリーズはさまざまな科学衛星の打ち上げに使われた。X線天文衛星や太陽観測衛星が目覚ましい成果を上げたのち、1985年に打ち上げられたM-3SIIロケットは初めて地球周回軌道を離れ、「さきがけ」「すいせい」をハレー彗星の探査のため惑星間空間へ送り出している。続くM-Vロケットは、長い間1.4メートルに制限されてきたミューロケットの直径が2.5メートルに広がり、より大きな衛星や遠方への探査機を実現できるようになった機体である。M-Vロケットの5号機が2003年に打ち上げた工学実験探査機「はやぶさ」は、世界で初めて小惑星のサンプルを地球へ持ち帰る快挙をなしとげた。大型の固体燃料ロケットとして世界最高性能とされるM-Vロケットだが、2006年にはコスト高を理由に運用が終了している。

ISASとNASDA、NALからJAXAへ

糸川英夫が中心となって進めた宇宙開発は東京大学生産技術研究所から東京大学宇宙航空研究所を経て、1981年に宇宙科学研究所（ISAS）へと改組されていた。ISASの所轄官庁は文部省である。これとは別に、1969年には科学技術庁を所轄官庁として宇宙開発事業団（NASDA）が発足している。NASDAは気象衛星や通信衛星などを打ち上げ、宇宙の実利用を推進する。海外からの技術導入で液体燃料ロケットの開発を進め、2001年からは国産のH-IIAロケットを運用していた。2001年の省庁再編で、文部省と科学技術庁が統合され文部科学省となった。これにともないISASとNASDA、さらに航空宇宙技術研究所（NAL）を合わせた宇宙航空研究開発機構（JAXA）が2003年10月に誕生した。そしてJAXAは、M-VロケットとH-IIAロケットの技術を合わせて新しい固体燃料ロケットを開発した。それがイプシロンロケットである。

日本の主要ロケット年表

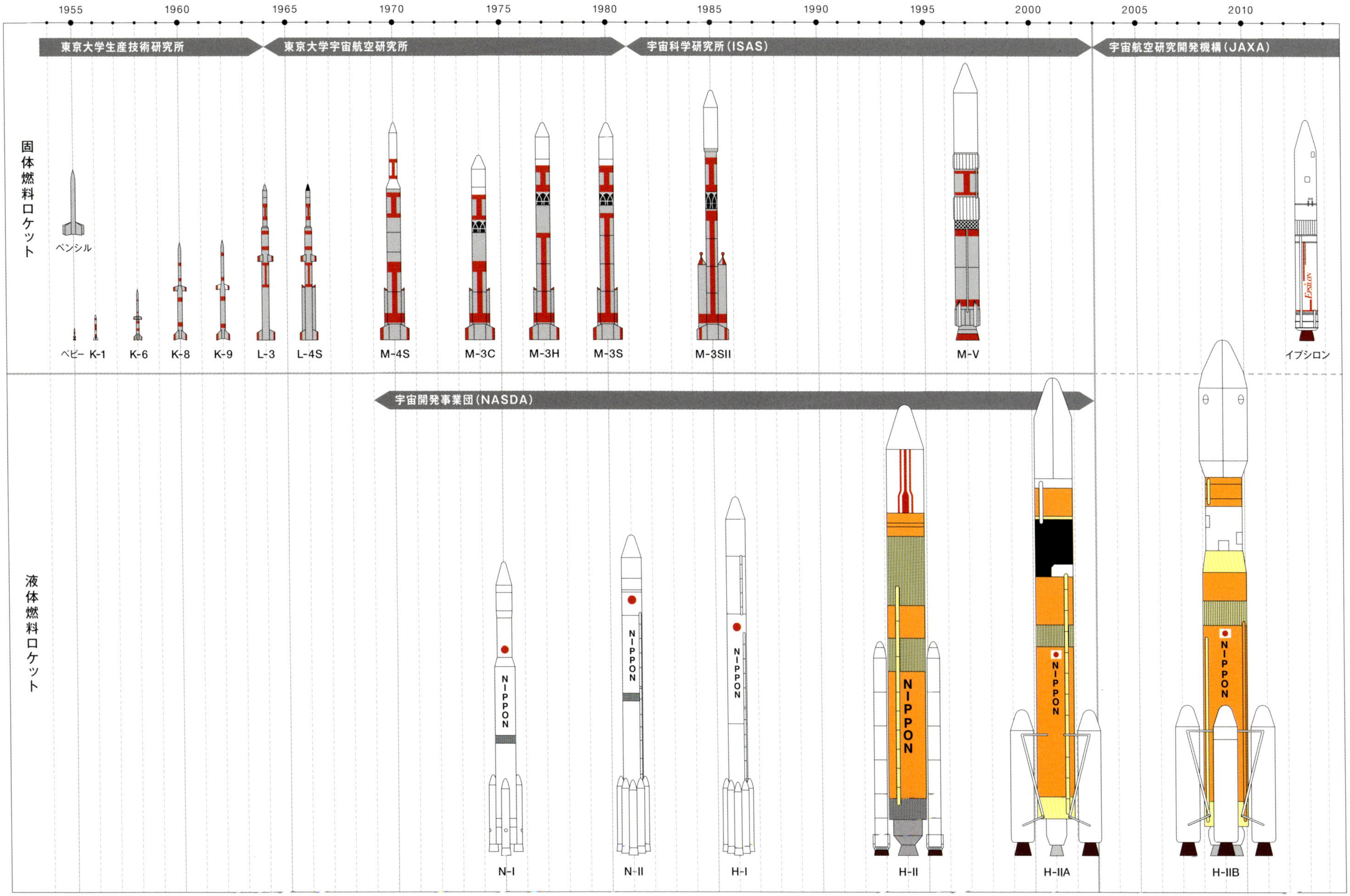

※イラストの配置は初号機が打ち上がった年。イラストはイメージです。

Scale 1:600（ペンシルロケットのみ 1:20）

EPSILON ROCKET

SCALE 1:50

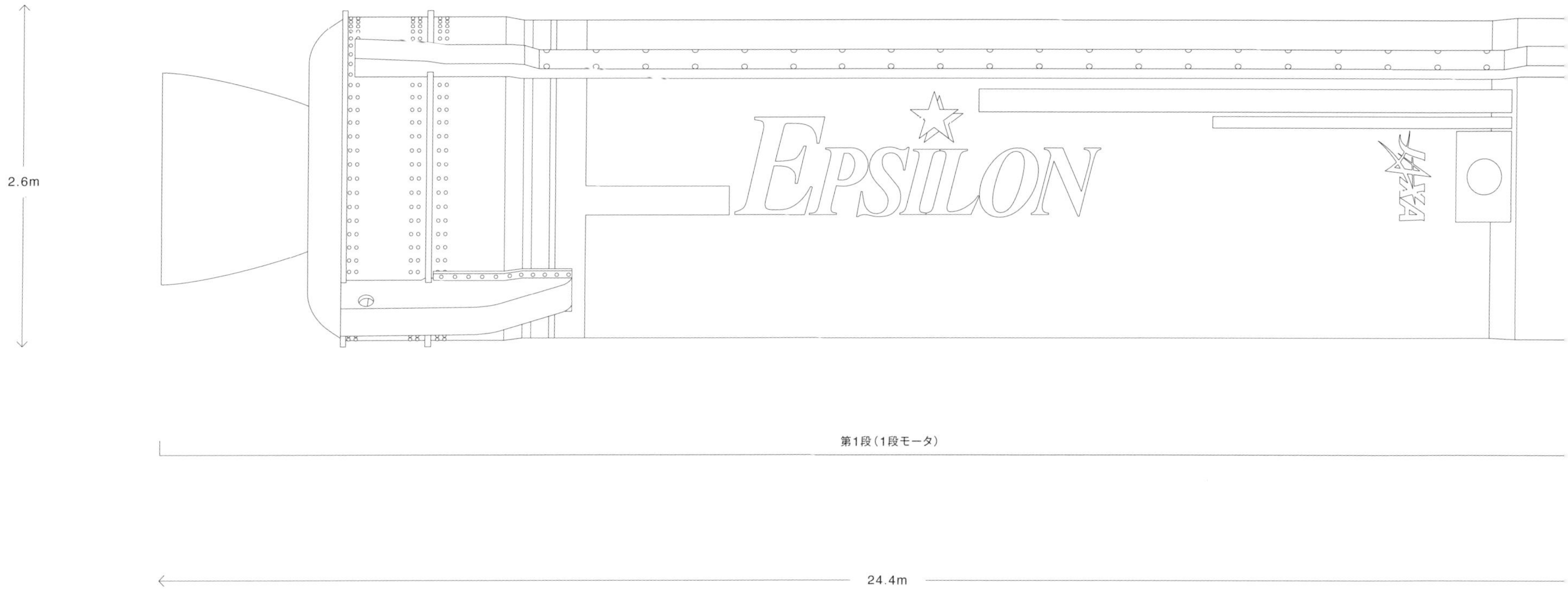

イプシロンロケットの革新技術

モバイル管制

実際の管制室

イプシロンロケットの前身、M-Vロケットの管制室は射点そばの地下ブロックハウスに設置されていた。ここで多数の機器と100人近い人員によってロケットの管制が行われていた。イプシロンロケットの管制室は射点から約2キロ離れた警戒区域外に置かれており、10人ほどしか入らない小さな部屋に各種の機器も含めて納まっている。少ない人数で打ち上げ管制を行えるようにし運用性を高める、革新的な打ち上げシステムである。

自律点検システム

人工知能「ROSE」

ロケットの点検作業では従来、人間が点検機器を手作業で配線し、得られた波形を経験をもとに診断していた。イプシロンロケットでは各部の点検に人工知能を大胆に導入し、機体点検の期間とコストを大幅に削減した。機体を自動チェックした結果を人工知能「ROSE」（Responsive Operation Support Equipment）が総合的に判断し、機体全体の健全性を評価する。また故障時に起こり得る状態をデータベース化しており、故障箇所の特定や対処方法の提案もしてくれる。

全備質量		91ton
段構成		3段式
第1段（1段モータ）	全備質量	75.0ton ※フェアリング（非投棄分）含む
	推進薬量	66.3ton
	推力	2271kN（真空中）

第2段	全備質量	12.3ton
	推進薬量	10.8ton
	推力	371.5kN（真空中）
第3段	全備質量	2.9ton（基本形態）／3.3ton（オプション形態）
	推進薬量	2.5ton
	推力	99.8kN（真空中）

フェアリング（投棄分）	全備質量	0.8ton
小型液体推進系（PBS）	全備質量	3段質量（オプション形態）に含む
	推進薬量	0.1ton
打ち上げ能力	地球周回低軌道	1200kg（基本形態）／700kg（オプション形態）
	太陽同期軌道	450kg（オプション形態）

※線画はイメージです。

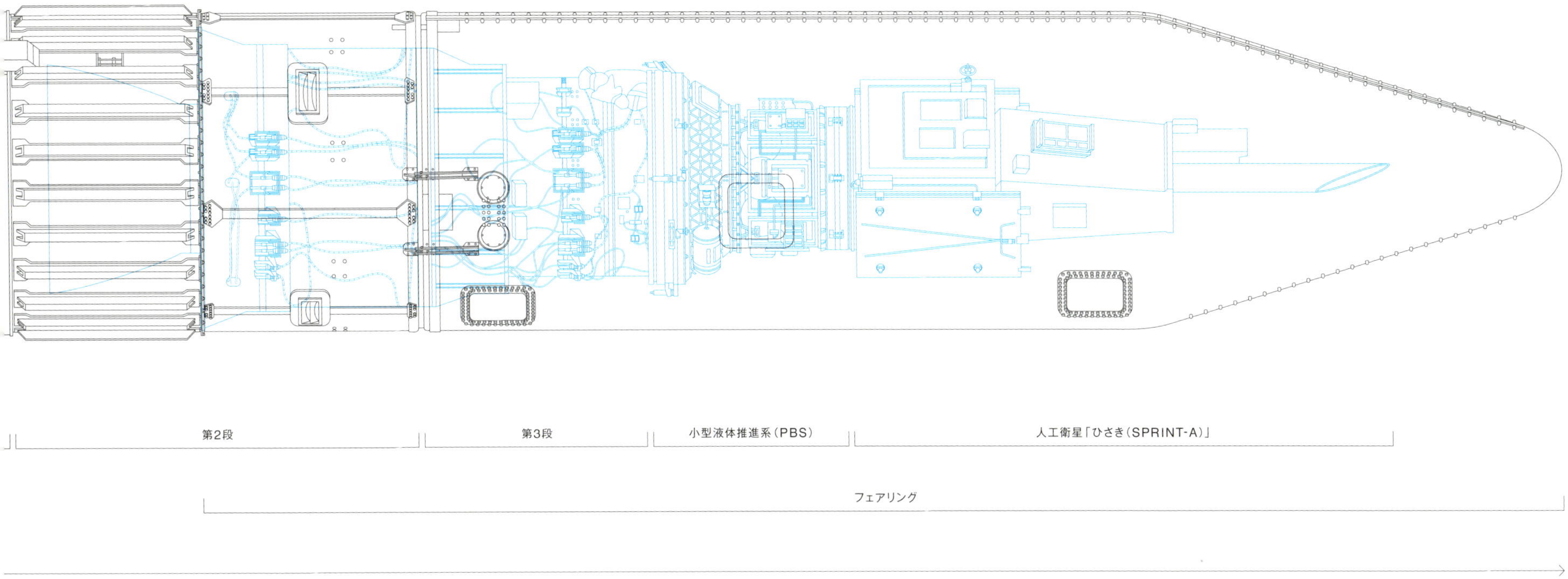

イプシロンは固体燃料ロケット

固体燃料断面図

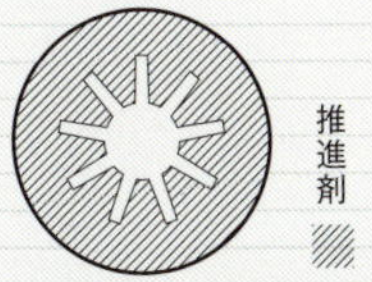

ロケットの推進剤は燃料と酸化剤からなる。燃料を燃やすための酸素は宇宙にはないため、酸化剤の形でロケットに積んでいく必要がある。

固体燃料ロケットは、ポリブタジエンなどの燃料と、過塩素酸アンモニウムなどの酸化剤を混ぜて固めた固体燃料を推進剤とする。固体燃料に火をつけるとガスを発生し、そのガスをノズルから高速で噴き出すとその反動が推進力となる。これが固体燃料ロケットのしくみである。固体燃料を用いたロケットエンジンをロケットモータと呼ぶ。また固体燃料ロケットのほかに、液体水素やケロシン、液体酸素などを推進剤にする液体燃料ロケットもある。

固体燃料の特長は取り扱いが容易であるということだ。常温の大気中で反応しないため保管しやすい。また固体燃料ロケットは構造が比較的シンプルであり、開発費用や開発期間を抑えることができる。推力も同等サイズの液体燃料ロケットより大きい。一方で、いったん火をつけると燃焼終了まで決められたパターンで燃え続けるため出力の調整が難しい。

イプシロンロケットは1段目から3段目まで、すべて固体燃料を用いるロケットである。オプションとしてPBS（Post Boost Stage）という小型液体推進系を搭載でき、より高精度な軌道投入にも対応する。

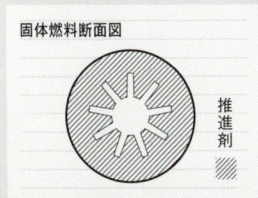

町工場

イプシロンロケットを構成する部品は数十万点。
そのひとつひとつが生まれる場所は騒音と
機械油の匂いに囲まれた町工場である。
金属を切り、削り、磨く。手作業の積み重ねが
ひとつのロケットへと結実していく。

古い旋盤であってもいつでも使えるよう手入れされている

1.

2.

3.

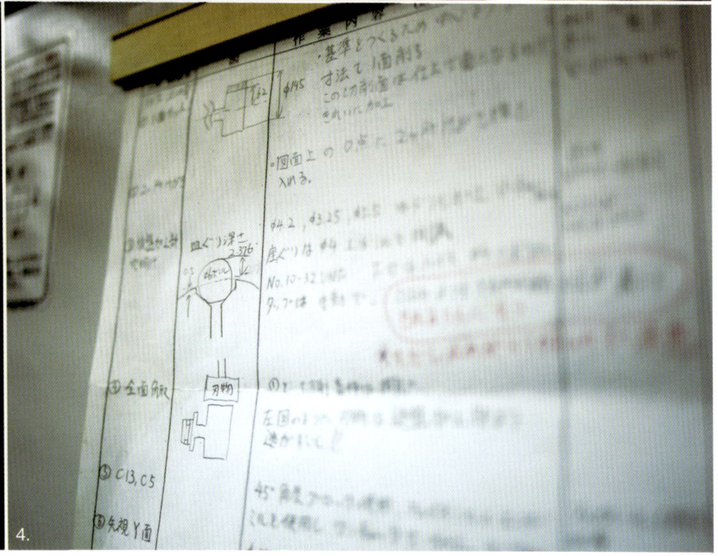
4.

1. 使う工具が整頓されて置かれている　2. さまざまな先端工具　3. 削り終わった部品に残る油などを吹き飛ばすブロワー　4. 作業手順の工程表は職人が自らまとめている

旋盤でチタンを削っていく

3次元測定器で、加工済みの部品を検査する

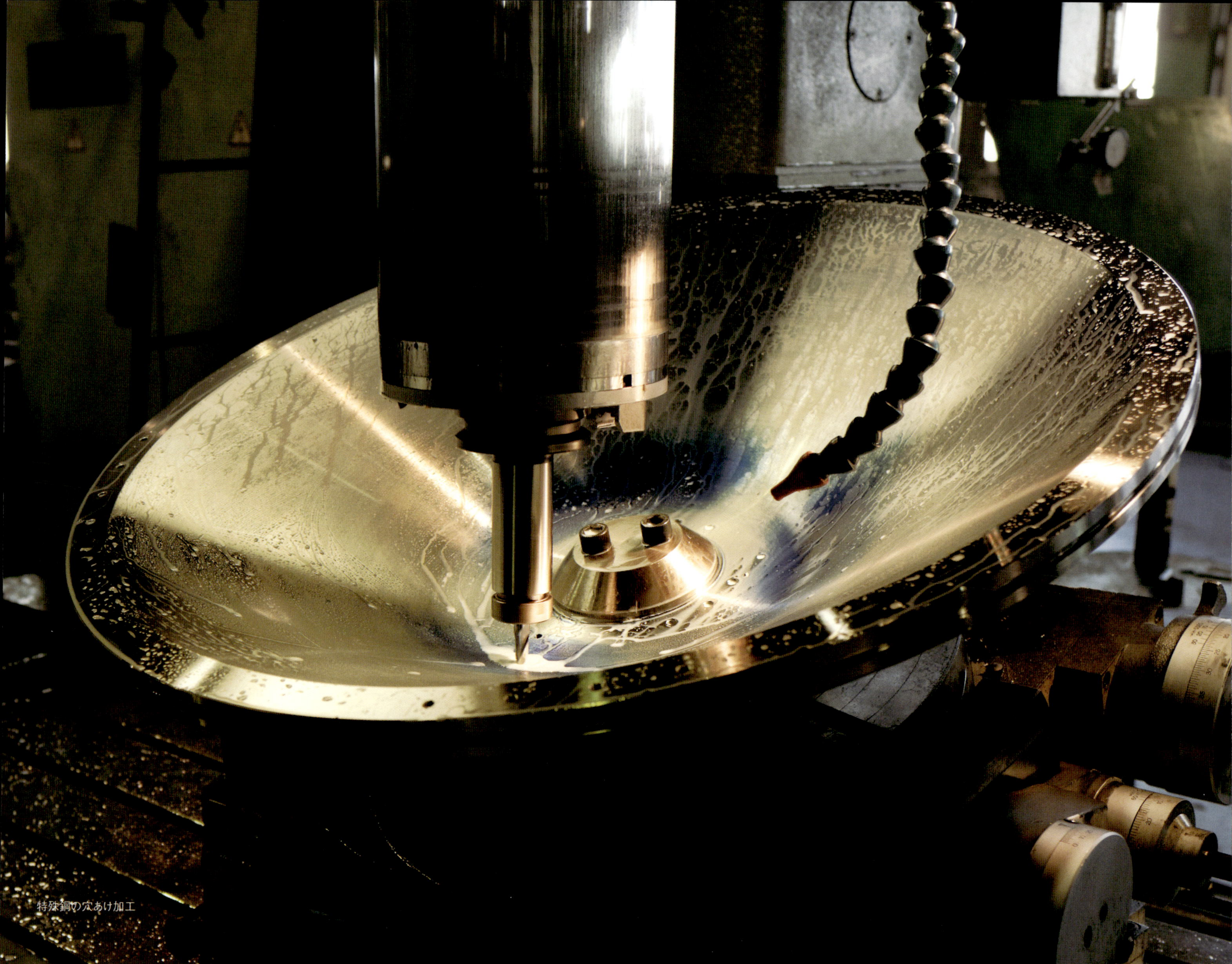

特殊鋼の穴あけ加工

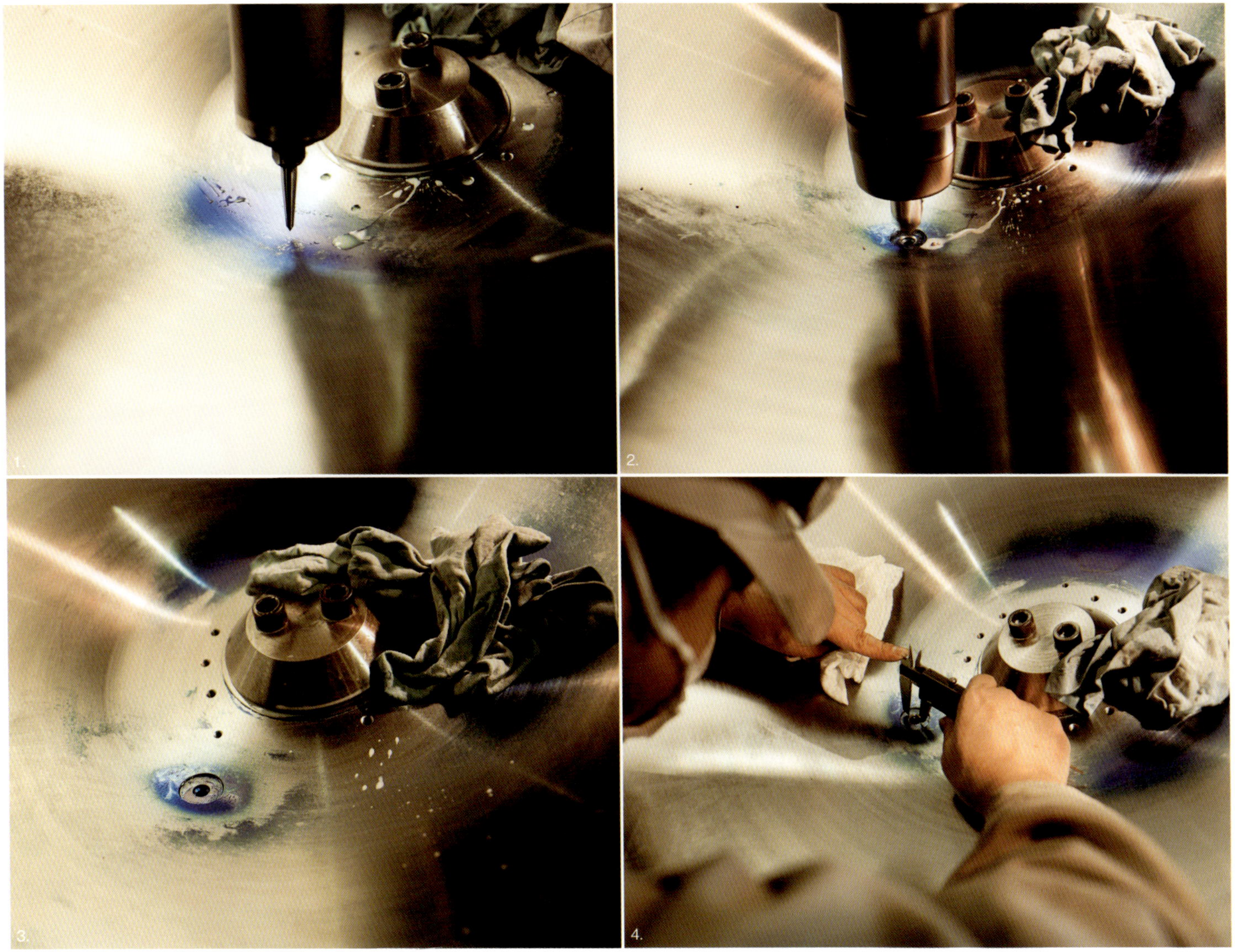

1.～4. 穴をあける場所にはまずポンチ穴をつけ、穴あけ加工がすんだあとは検品を行う

大きな部品を回転させながら削っていく

削り終わったリング状の大きな部品を手分けして検査する

INTERVIEW 01

我々の仕事は「段取り八分」。細かな効率化で価格競争力と品質を追求

青木健一（株式会社青木精機製作所 代表取締役社長）

光が丘駅からマンモス団地を抜けた住宅地に、周囲に溶け込むように建つ二階建ての建物がある。中からかすかに聞こえる機械の稼働音で工場とわかるが、見た目は少し大きな住宅と変わらず、ここでロケットの部品を作っているとは想像しづらい。金属の精密加工を行う青木精機の三代目、堂々とした長身の青木健一社長に聞いた。

ロケットの部品を作る町工場

うちはおもにIHIエアロスペース（イプシロンのシステムメーカー）からの発注で金属加工をしています。納入した部品がロケット関連のものということはわかっていますが、それがどこにどう使われるのかは普通知らされませんし意識もしません。わたしたちの第一義は納期を守り、図面通りに加工することです。この部品（ロータホルダ）も今回の取材の依頼があって初めて、イプシロンの本体に使われると知ったぐらいです。それでもイプシロンの部品を作っているとわかると気になってきて、新聞でイプシロンの記事を見つけるようになったりしますから不思議なものです。

以前、うちで加工した部品がロケットに組み付けられているところを特別に見せてもらったことがあります。自分が作ったものが大きなロケットの一部になっているのを見ると、今後の仕事への意欲が上がりますね。

金属加工の仕事は効率第一

ロケットの部品の生産数は、数個から多くても数十個。少量多品種の加工が中心です。図面をもとに加工の段取りを組み、実際に加工し、それを検査して納入します。

我々が使っている工作機械は特別なものではありません。同じ規模の工場ならどこにでもありますし、ここにあるより精度が高いものすらあります。しかし、わたしたちはこの金属の加工にはどの刃物を使うか、送り量や回転数をどのくらいにするか、そういった判断を正しくできます。うちはたまたまチタンを扱う仕事で経験を積むことができ、チタンの加工についてはほかより自信があります。

我々の見積もりは機械を1分間動かしたら何円、という基準で算出します。素材に刃物を当てている時間、つまり機械で切り粉を飛ばしている正味の時間だけが収入になり、図面から加工手順を検討している時間や、加工に使う刃物を探している時間は請求できません。

同じ機械を使うのでも、段取り次第で加工の効率がまったく変わります。わたしたちはこのことを「段取り八分」と呼んでいます。よい段取りを組めれば仕事の8割は終わったようなものだといった考え方です。部品を削る順番にしても、ある面を先に削ってしまうと次の加工で部品を固定できなくなったりします。そんな失敗は論外ですが、機械を実際に動かす前に、効率のよい段取りを考えられるかが大切だということです。

部品の製作過程

「ロータホルダ」

点火器の一部。
無垢のチタンから削り出す。

1. 削り出す前の無垢の材料（チタン）

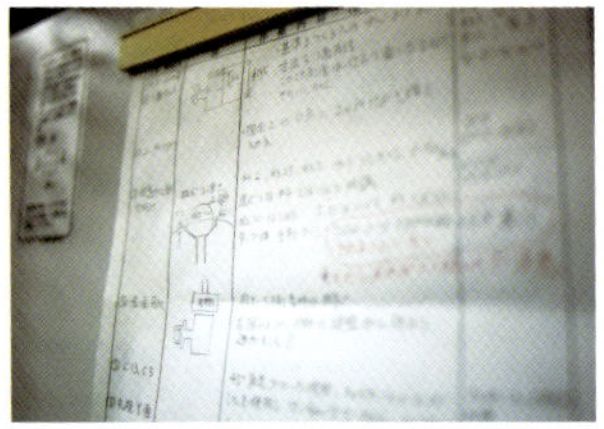

2. 作業の順序を記した工程表は社内で作成する

3. 旋盤に材料をセットし、回転させながら削る

4. 正確に加工されたかのチェックを毎回行う

5. 次の工程のためにマシニングセンターへ

6. ドリルで穴あけや面取りなどの加工を行う

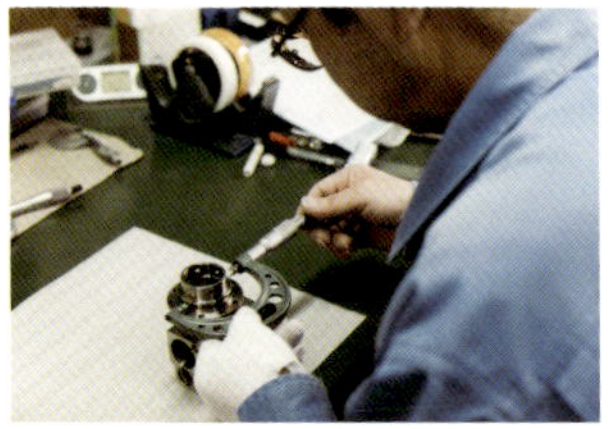

7. 完成品は数時間かけて図面通りか検査する

8. 完成したロータホルダ

工具を取りに棚へ行くときも、次の工程で使うものも一緒に持ってくれば無駄を省けます。人件費が安い海外にも対抗していくには小さな効率化をたくさん集めることが重要で、そのため工場内はいつも整理整頓を心がけています。棚ごとに管理者を決めたり、棚から物を持ち出すときは必ず自分の名札をかけて、どこに移動したのかわかるようにもしています。

信用がなければ仕事は来ない

営業の際もこちらから出向くだけではなく、ぜひ工場を見てくださいと言っています。我々の仕事はほぼすべて受注生産です。こちらで作った製品を買っていただく形態ではありませんから、信用がなければ仕事は来ません。この工場の様子なら安心して依頼できる、そう思っていただくことが大切です。それには現場を見ていただくのが一番で、これはセールストークを使わない「もの言わぬ営業」なのです。

日本の製造業は非常に厳しい状況です。そんな中でもうちを選んでいただけるよう、経験やノウハウを積み、わずかな効率化も見逃さない姿勢で仕事をしています。

青木健一

大学卒業後半導体商社に入社。営業に配属され製品を売る過程において物づくりに興味を持ち、身近にあった父親の会社に転職し現在に至る。

〈青木精機製作所〉
金属の超精密加工を得意とする、東京練馬の町工場。日本最初の人工衛星「おおすみ」用の製品を生産するなど宇宙航空産業の黎明期からこの産業に携わっている。

INTERVIEW 02

手の感覚とルール作りで仕事の品質を高めていく

栗原友二（三幸機械株式会社 工場長）

三幸機械は群馬県高崎市の郊外にある金属加工の会社で、ロケットの部品を手がけて25年になる。広い敷地内の大きな建物では数十台の工作機械がうなりを上げている。ほかに、加工された部品の研磨や検査を行う静かな一角もある。落ち着いた雰囲気の工場長、栗原友二さんに話を聞いた。

手の感覚はどんな機械よりも鋭い

人の指の感覚はどんなセンサーよりも鋭敏です。直径5ミリの棒と、太さが前後に100分の1ミリだけずれている棒があるとします。4.99ミリの棒と5.01ミリの棒を当てるのは実は簡単で、これは普通の人でもすぐにわかりますよ。この棒の太さが何ミリかということはわからなくても、人の目や手は寸法の差にはとても敏感なのです。

わたしたちは「鉄は生き物」と言っていて、金属の寸法は気温や周囲の熱によってマイクロメートル単位で変化します。5ミリの棒を手で持っているだけでも体温で太くなってきて、その変化も人の手はすぐに感じ取れます。

一方、これらを機械で測定しようとしても、人の手ほどの精度はなかなか出ません。測定器の精度が周囲の気温などの環境に左右されるからです。人間の指は機械に勝るものがあるのです。

手の感覚が機械より優れているといっても、もちろんこれだけでは仕事上の技能としては不十分で、一人前になるには最低3年はかかります。新人は基本的な作業、たとえばバリ取りから始めます。

機械で切削加工した部品は角がケバ立っています。これをバリといって、きれいに削り取らなければなりません。バリをうまく取るには方向や角度、ピッチ（間隔）をどう調整するかなど、細かな技術が必要です。これは言葉で伝えるのが難しい部分で、体で覚えていきます。このバリをうまく取れたかも手で確認していきます。

製品の仕上がりにとどまらない品質を

「品質はすべてに優先し取引の原点である」がうちの方針で、品質向上のためにさまざまな工夫をしています。仕事における品質とは、加工する製品の品質にとどまるものではありません。顧客の要求に応えるシステムもまた高い品質を保っていなければなりません。

イプシロンの小型液体推進系（PBS）に使用されているシリンダーのテスト加工品。1m×1mのアルミの塊（約3トン）を直径1m×高さ90cmで肉薄（4mm～6.5mm）の、約20kgまで削り込む。品質の高さが試される一品。

工具は自分で作る

三幸機械では、磨きに使う工具などは作業する本人が自分で作っている。材料は金属や竹の端材である。市販の工具を使わないわけではないが、多品種少量生産の仕事では、さまざまな状況に合わせて工具を作るほうが製品の質が上がる。また、自分に合った工具を自分で考えながら工夫して作ることで道具への愛着もわいてくるという。

バリを取る仕事は女性が得意だという。大きな部品になると数十万本のバリ取りが必要になる。「女性の手仕事は丁寧で仕上がりがきれいです。男性のように『こんなものでいいか』とほどほどで終わらせてしまわない根気強さがありますね」（栗原工場長）。

仕事で大切なのは顧客の要求事項を正確に見きわめることです。なにを求められているか、またそれにどう応えるかが重要です。たとえば図面を読むときは寸法や公差（許容される誤差）に目が行きがちですが、注記もしっかり読んで反映させなければなりません。これから作るもののどこが肝なのかがわかれば、それを仕上がりに反映させることができます。それに要求以上のものを作るつもりでないとよいものはできないと思っていますし、またそれを不具合や事故なく、安全に作らなければなりません。

品質と安全を守り、不具合を防ぐためにルールをさまざまに定めています。ルール作りの難しいところは、誰でもできるしわかっていることは、わざわざルールにしないということです。「安全に注意して作業する」は当然すぎてルールになりません。

一方で、ベテランには不要でも、新人には役に立つルールもあります。その新人が育っていくと必要なくなりますが、そのころにはまた別の新人が入ってきていますからルールは残しておいたりします。

改善提案を推奨しているのも同じ目的からです。新人や未熟な社員は、改善提案を考える過程で自分がどんな仕事をしているのか理解を深めていきます。ベテランにはわかりきったことでもそれをすぐに教えてしまうのではなく、自分で改善提案を考えることで成長の機会を作っています。

このように、仕事を進めるしくみやシステムも含めた、広い意味での品質を高めていくことが大切なのです。

栗原友二

現場のリーダーとなった今でも、自らが加工する時もある現場主義者。「人に優しく、品質や加工精度には厳しく」がモットー。

〈三幸機械〉
関東でも有数の大型MC、大型旋盤を揃える群馬県高崎市にある町工場。MC、旋盤、研磨、熱処理、製缶などの一貫生産を得意とする。“モノ造り”の大切さを主張する技術集団である。

艤装

無数の部品は各種の装置に組み上げられたのち、
本体へ取り付けられていく。
ここは群馬県富岡市にあるIHIエアロスペースの工場である。
シンプルな構造が特徴の固体燃料ロケットも、
機器搭載部はさまざまな装置やケーブルに覆われる。

ケーブルの留め具をひとつひとつ取り付けていく

ケーブルはすべてきれいにまとめられている

2段モータのノズルの一部

1段モータの下部への部品組み付け

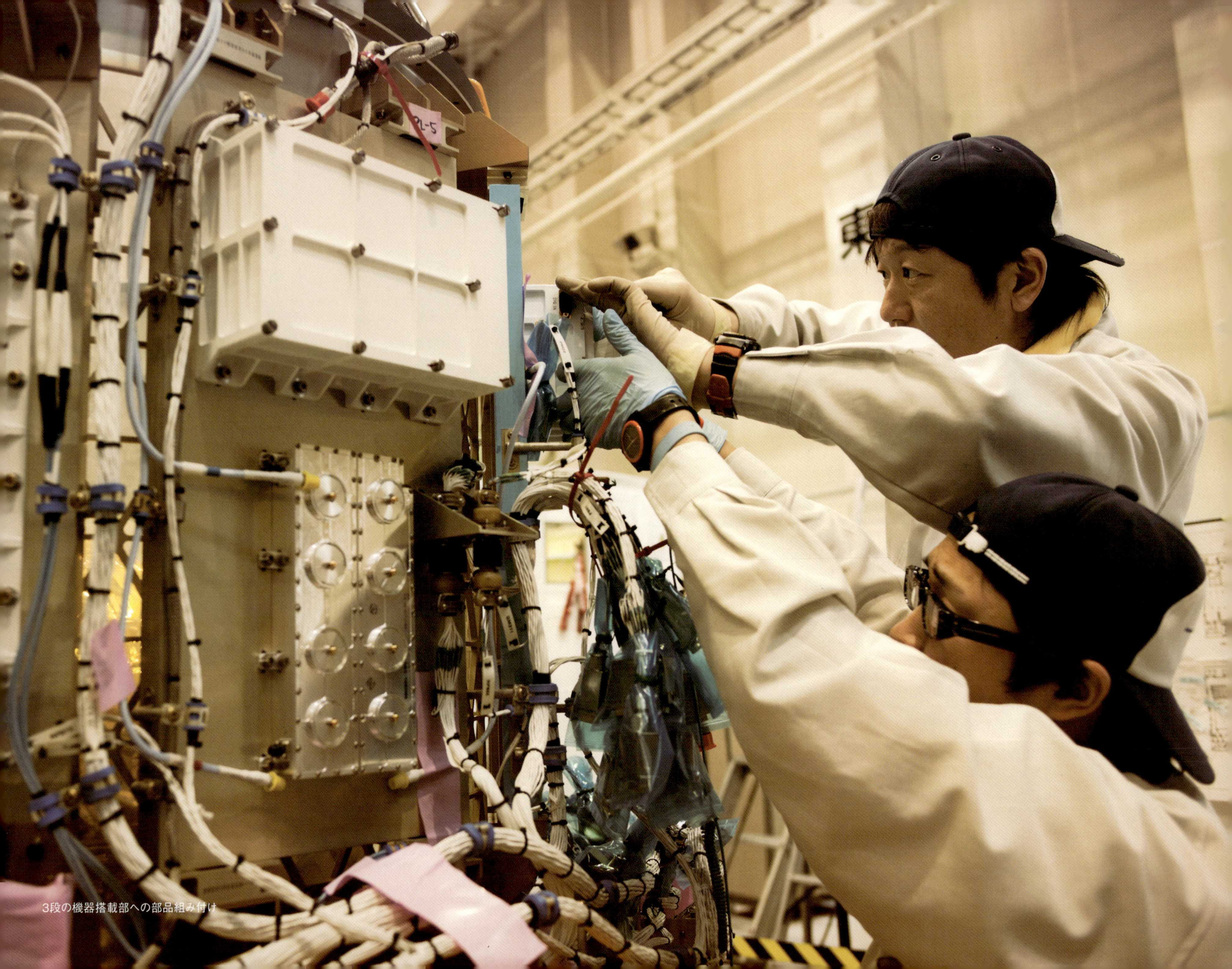

3段の機器搭載部への部品組み付け

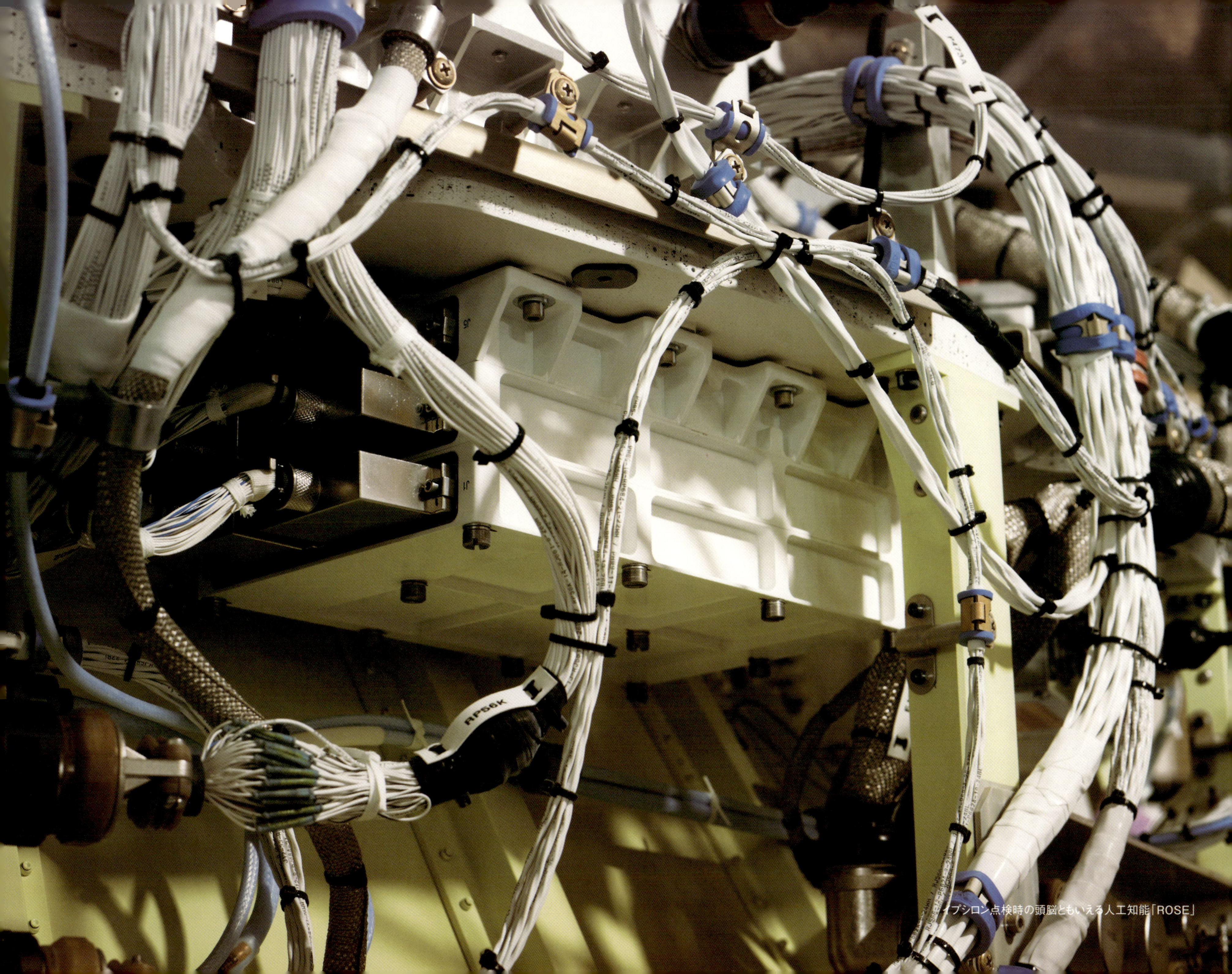

イプシロン点検時の頭脳ともいえる人工知能「ROSE」

INTERVIEW 03

イプシロンロケット開発の苦労と展望

関野展弘（株式会社IHIエアロスペース ロケット技術部 ロケット技術室 主幹）

IHIエアロスペースは、イプシロンロケットを開発・製造するメーカーである。
糸川英夫のペンシルロケットに始まる、日本の固体燃料ロケットの開発を長年担ってきた。
群馬県富岡市にあるIHIエアロスペースの工場で、イプシロンロケットの開発に携わった関野展弘さんに話を聞いた。

新型ロケット開発の舞台裏

自律点検システムやモバイル管制といった、イプシロンロケットの特徴的なコンセプトはJAXAとの話し合いの中で固めていったものです。ロケットの開発では性能だけでなく運用性も上げていくべきですので、森田プロジェクトマネージャからこれらの構想を初めて聞いたときは、これはぜひやるべきだと思いました。

工場内での作業風景

自律点検システムの開発で大変だったのは、機械にどこまで判断させるかという点です。自律判断に重きを置きすぎると、システムが止まった理由がわからないケースがあるかもしれません。すべてをまかせず、人間がある程度介在するのがポイントかなと思っています。かといって人が判断するところが多すぎても意味がありません。また開発中はさまざまな条件が変わっていきます。ソフトウェアを細かい数字まで作り込むのではなく、ある程度柔軟性を持たせるようにするのが難しいところでした。

モバイル管制はハードウェア的には難しくありません。パソコンの性能は昔より格段に上がっていますし、サイズも小さく、また安くなっています。ただしソフトウェアの開発は簡単ではありません。ロケットのなにを管制してどう判断するかは、ロケットのことを深く理解していないとできませんし、そのノウハウを管制用ソフトウェアにうまく落とし込み、全体のシステムを構築できるかが鍵でした。

イプシロンロケットの各段のロケットモータは、H-IIA/Bの固体ロケットブースター（SRB-A）やM-Vの上段ロケットを流用しています。開発済みのコンポーネントですので製造のリスクは少ないと思っていたのですが、2006年に廃止されたM-Vロケットのモータは材料の一部を調達できなくなっているなど、以前できたことが今はできないということもありました。またこれらを組み合わせてひとつのシステムとして成立させるのも難しいチャレンジでした。

イプシロンの開発は2段階

イプシロンロケットはまず既存の技術をもとに低コストで開発し、次に新しい技術を取り入れて改良していきます。たとえば1段目のSRB-Aは開発が始まったのが20年近く前

ペンシルロケットを作る新人研修

IHIエアロスペースでは、新人工員の修了研修のひとつにペンシルロケットレプリカの制作をあてている。図面をもとに、できる限り忠実にペンシルロケットを作り上げる。旋盤やヤスリがけなど、金属加工の基礎を学ぶ3か月ほどの研修の集大成である。

この修了制作は工場の一角にまとめて展示されている。いくつも並ぶペンシルロケットを見比べるとばらつきがあり、一人ひとりの個性がうかがえる。工業製品としては本来あってはならないことだが、これは彼らが今後長い時間をかけて技術を磨いていく出発点となる。

で、そのころの技術が使われています。新しい1段目を開発するにあたっては、材料などを抜本的に変えたいと考えています。ただSRB-Aに代わるロケットモータはH-IIA/Bに続く次期大型ロケットでも使うでしょうから、そちらとのバランスも必要です。ですからこれはイプシロンロケットだけの話ではなく、日本の宇宙輸送系をどう発展させていくのか、全体を考えなければなりません。

個人的に好きなロケットは、銀色で表面がつるっとしていて、昔のSFに出てくるようなものです。ロケットをシンプルできれいなものにしたいと思っています。たとえばパイプ状の部分はボルトでつなぐのではなく、フラットな表面にできないかと考えたりします。

ロケットの理想形を機能ではなくデザインで考えるのは、流体解析を長くやっていたからかもしれません。流体解析では流れを解いた結果出てくる画像がきれいです。見た目に美しいものと、機能や物理に裏付けられた美しいものが好きなんです。

とはいえロケットは常にぎりぎりの設計で、デザインに気を遣う余裕はありません。手を尽くしてやっと作り上げるのがロケットですが、そこからもう一歩進んでデザインの議論に進めるようなものにしたいですね。

関野展弘

1965年、北九州市生まれ。京都大学卒業。1990年、IHIエアロスペースの前身、日産自動車宇宙航空事業部に入社。流体解析に長きにわたり携わる。

〈IHIエアロスペース〉
日本を代表するロケットの開発・製造の総合メーカーであり、イプシロンのメインメーカーでもある。ペンシルロケット(当時は富士精密工業)の時代からロケット開発に携わっている伝統ある会社。

試験

ロケットは組み上げるだけでは完成しない。
やり直しがきかないロケット打ち上げで
すべての機器が確実に動作するよう、入念な試験が行われる。
数々の試験を経て、イプシロンロケットの製造は進んでいく。

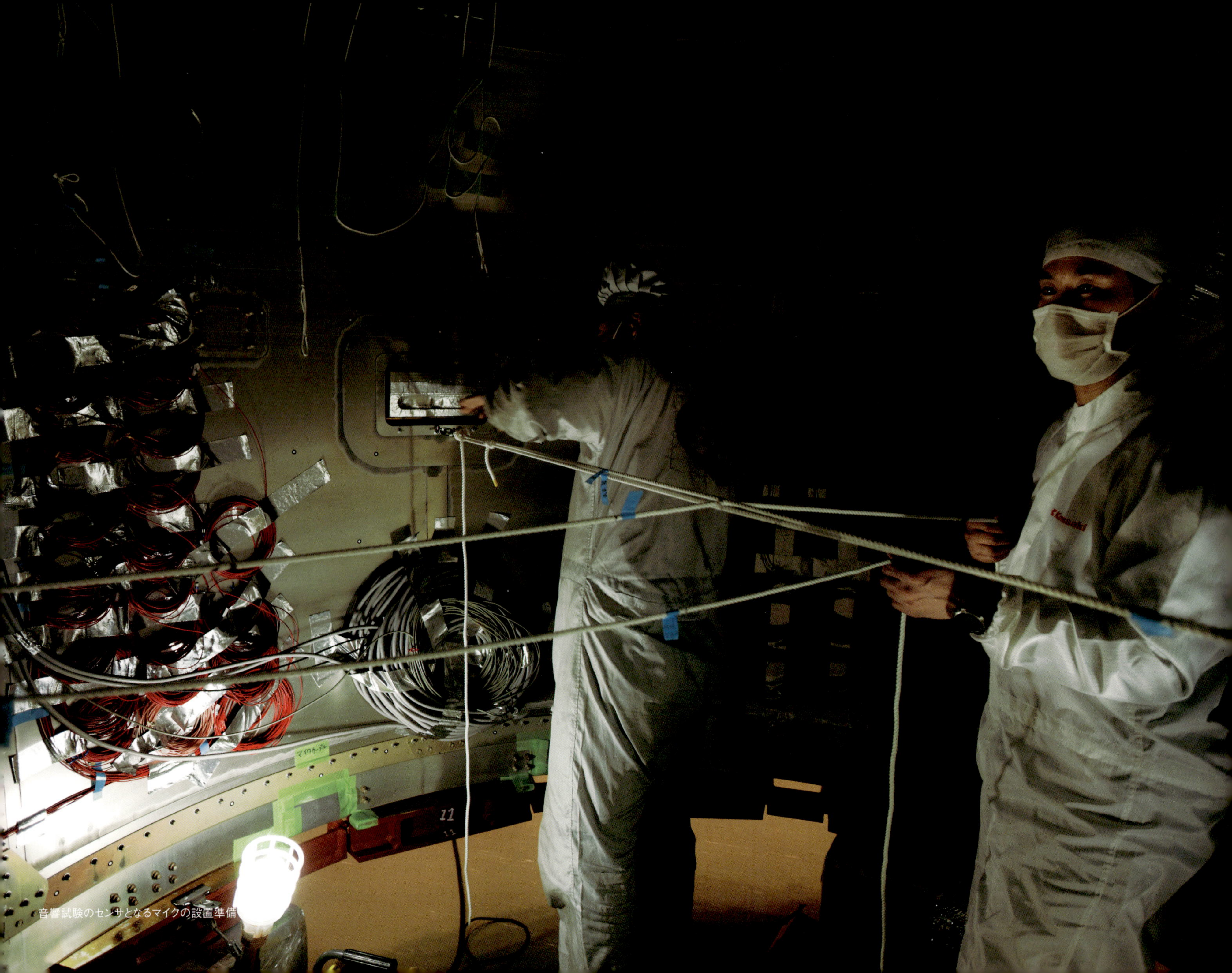

音響試験のセンサとなるマイクの設置準備

音響試験室に運び込まれた試験用のフェアリング

打音検査で外装や内装にはがれがないか確認する

1. 試験室に運び込まれるフェアリング　2. 準備が整った試験室　3. 音響試験室へつながる防音壁が閉じていく　4. 音響試験の状況は計測室でモニタリングする

フェアリングが左右へ分離した瞬間

INTERVIEW 04

本番の打ち上げを完璧にするために可能な限り試験を行う

西尾誠司（川崎重工業株式会社 航空宇宙カンパニー 技術本部 宇宙機器設計部 宇宙機器二課 基幹職）

ロケットの打ち上げは一発勝負であり、飛翔を始めると二度とやり直せない。
打ち上げに万全を期すために、あらゆる機器に対して徹底的な試験が行われる。
イプシロンロケットのフェアリングの開発および製造を担当した川崎重工業の西尾誠司さんに、
試験の手法と目的について聞いた。

フェアリングが完成するまでのさまざまな試験

フェアリングはロケットの先頭部にあり、衛星や機体を打ち上げ時の過酷な環境から守るカバーです。イプシロンロケットは2段目から上がフェアリングで覆われていて、宇宙空間へ出ると先端から2つに広がるように分かれて機体から分離されます。当社はイプシロンロケットだけでなくH-IIA/Bロケットのフェアリングも担当しており、合計で30機以上のロケットのフェアリングを作ってきました。

製造したフェアリングが刺繍された作業帽

フェアリングの開発で最初に行われる試験は要素試験です。供試体と呼ばれる小さなテストピースを作って強度や熱物性などのデータ取得を行います。次に行うのは部分構造試験といって、フェアリングの一部を模擬した部分構造モデルを使った試験です。具体的には、フェアリングから機体内部にアクセスするためのアクセスドアの構造試験や、分離機構を模擬した性能試験などです。たとえば、フェアリングの分離機構は、H-IIA/Bと同じ方式を採用していますが、直径2.5メートルと、H-IIA/Bロケットで使われるフェアリングの直径4～5メートルより小さいため、異なった曲率でも十分な性能が出るかどうかの試験も行いました。

これらが終わると実機と同じ大きさのプロトタイプモデルを製造し、強度試験、音響試験、分離放てき試験を行います。これらの試験はフェアリングを実機と同じように組み立て起立させた状態で実施します。

強度試験はフェアリングの上や横から荷重をかけ、ゆがみを計測して設計通りであることを確認するものです。音響試験は打ち上げ時の音響環境を模擬する試験室にフェアリングを入れ、音響を当ててフェアリング内部の音圧レベルなどを測定します。分離放てき試験は組み立てたフェアリングを実際の打ち上げ時と同様に分離する試験です。フェアリングどうしを結合しているボルトを爆薬で切断し、設計通りに分離および放てきすることを確認します。

これらの試験結果をふまえて、実機に使うフライトモデルを製造します。

試験の環境作りと結果の評価が大切

解析や計算での性能確認にはどうしても限

連続写真

「分離放てき試験」

フェアリングの分離機構および
放てき機構の性能の確認、
衝撃データの取得を目的とした試験。

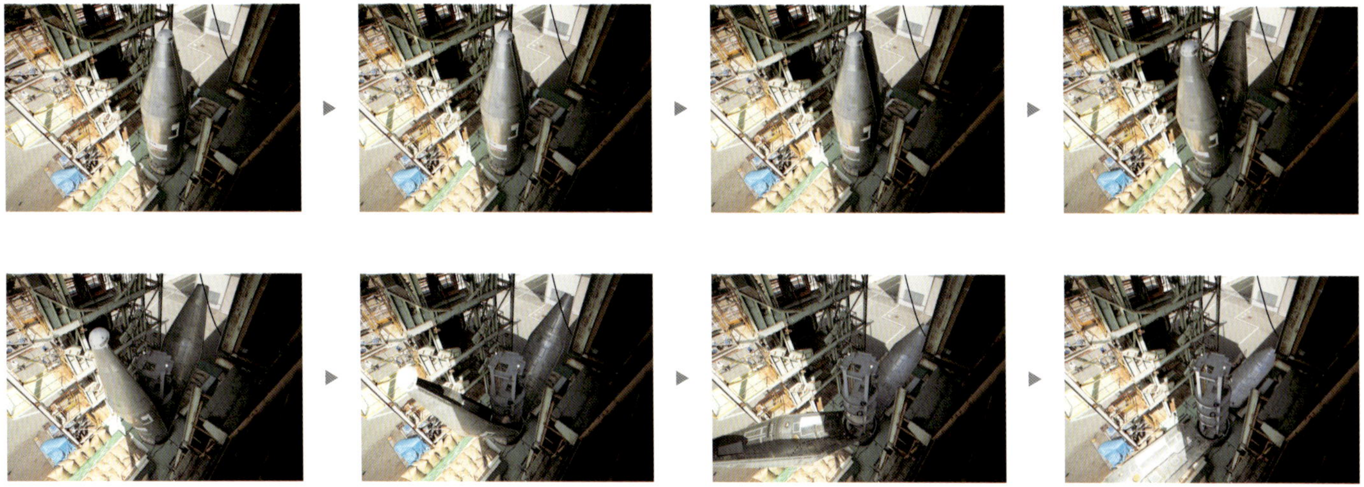

界がありますから、できるだけ実物で試験を行い、データを取って確認するというステップが必要になってきます。

各種の試験で確認する必要がある項目や性能は、JAXAから提示される飛行環境の数値をもとに設定します。ここで、実機相当の環境になる試験条件をうまく設定することが大事です。ただし試験でも実際の環境を100パーセント再現できるわけではありませんので、その点も十分考慮しなければなりません。

試験で不具合が出ても、実機の設計に問題があるとは限りません。試験そのものに問題があるかもしれないからです。その試験固有の問題であるとわかれば、試験の実施形態を見直して再試験を行います。設計に反映させるのは、実機でも同じ不具合が出るとわかってからです。

どうしても試験ができないときは性能に余裕をもたせ、その試験が不要な設計にすることもあります。これをノーテストファクターといいます。

今回のイプシロンロケットのフェアリングでは、おおむね想定通りの試験結果が得られ、フライトモデルの製造スケジュールに影響が出なかったので、ほっとしています。

西尾誠司

1990年神戸大学卒業。同年、川崎重工業に入社、2006年より現職。宇宙機および航空機の熱設計／解析に従事。現在、イプシロンロケットのフェアリング開発を担当。

〈川崎重工業〉
国内外の関連企業とともに“技術の企業集団”を形成し、1世紀を超える歴史の中で磨き上げた技術力で、陸・海・空はもとより、宇宙から深海まで、幅広いフィールドに多彩な製品を送り出し、新たな価値創造に挑戦し続けています。

人工衛星

ロケットは人工衛星を宇宙へ運ぶ乗り物である。
イプシロンロケットの初打ち上げでは、
惑星分光観測衛星「ひさき(SPRINT-A)」がその積み荷となる。
人工衛星は機能や重量を極限まで切り詰めた
精密部品の集合体であり、
取り扱いはロケット以上にデリケートである。

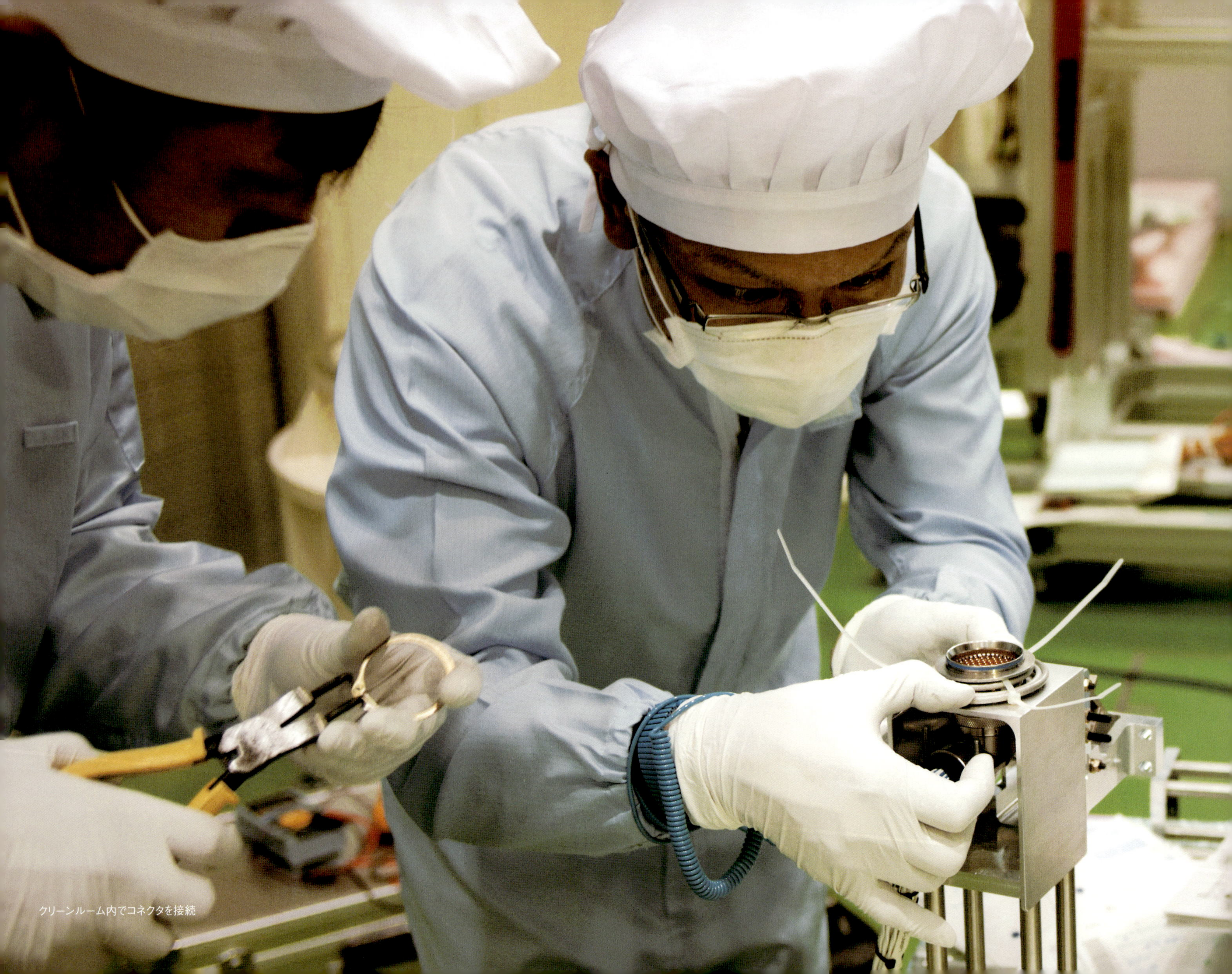

クリーンルーム内でコネクタを接続

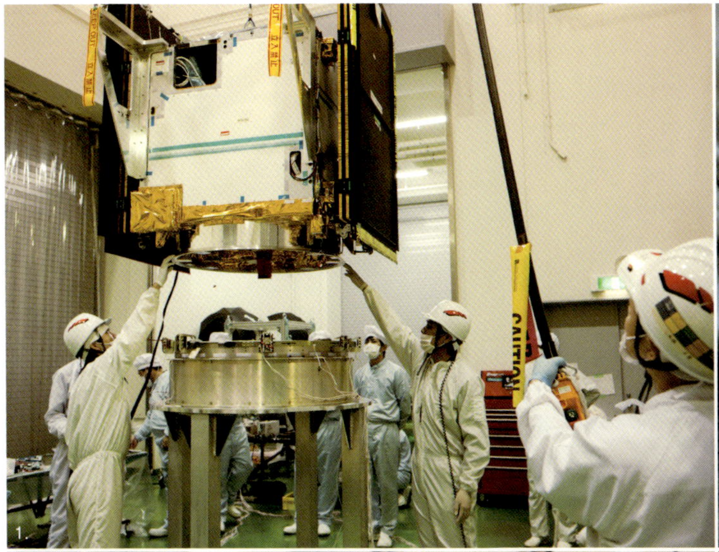

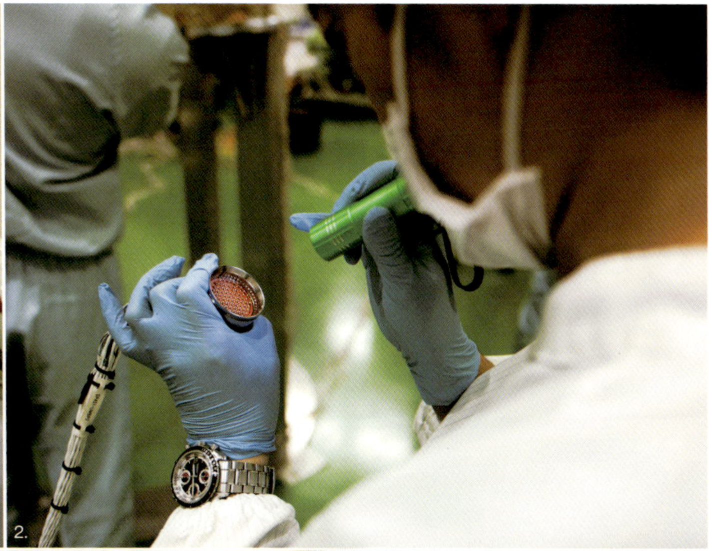

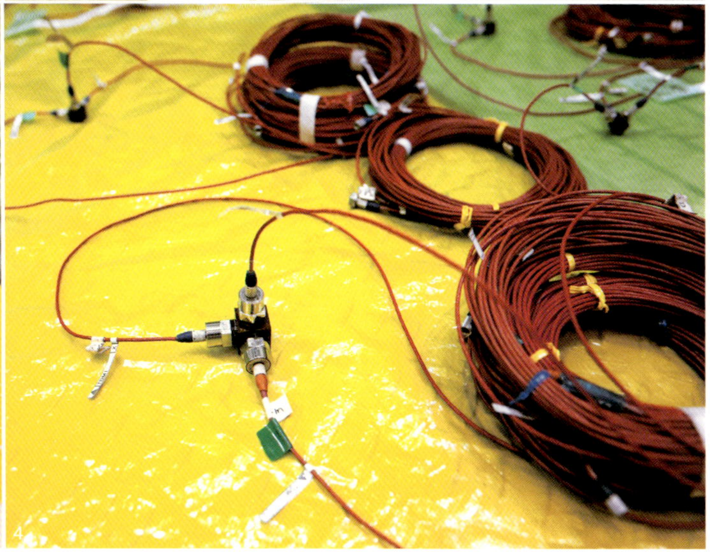

1. イプシロンロケットとの接続検査　2. コネクタを接続する前には必ず異物の混入などがないことを確認する
3. ひとり黙々と次の準備を行う　4. 小さな立方体に3方向から加速度センサが取り付けられた

作業の途中でも打ち合わせが行われる

黒い部品は新型の薄膜太陽電池パネル。
宇宙で性能を評価することが目的

試験のために金色の熱防護シートを取り付けている

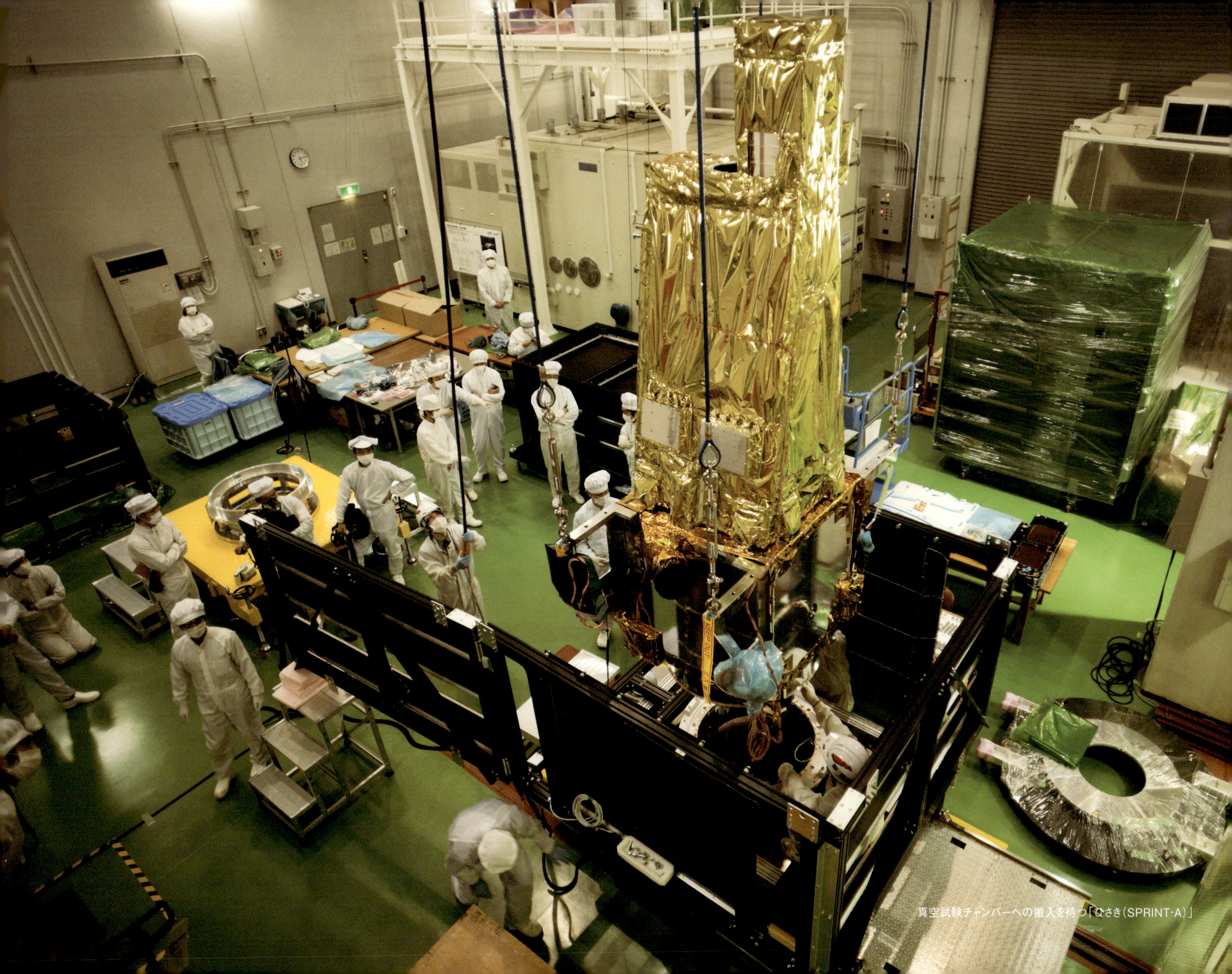

真空試験チャンバーへの搬入を待つ「ひさき（SPRINT-A）」

INTERVIEW 05

小型科学衛星の始まりとこれから

澤井秀次郎（JAXA 宇宙飛翔工学研究系 惑星分光観測衛星 プロジェクトマネージャ）

人工衛星「ひさき」がイプシロンロケット試験機で打ち上げられる一方、
同じ席を目指して採択されなかったさまざまな小型科学衛星の計画がある。
これらの計画の発案者たちはお互いライバルだが、一面では小型科学衛星の充実という目標を同じくする仲間でもある。
小型科学衛星の意義と目標について、「ひさき」のプロジェクトマネージャ、澤井秀次郎さんに聞いた。

科学衛星のプロジェクトは頻度が重要

宇宙研（JAXA宇宙科学研究所）で小型科学衛星シリーズの検討が始まった背景には、近年、科学衛星の打ち上げ頻度が下がってきているという問題がありました。一つひとつの衛星が大型化し、開発に時間と予算がかかって1年に1機打ち上げるペースを保てなくなってきたのです。

宇宙研の科学衛星にはX線天文衛星、赤外線天文衛星、惑星探査機、太陽観測衛星などさまざまな目的をもった衛星があり、それぞれが宇宙科学の一分野を担っています。科学衛星を1年に1機打ち上げていれば、一つの分野はおおむね5〜6年で1機の衛星を上げられるペースです。これが2年に1機、3年に1機となってくると、一分野の科学衛星が10年や15年に1回しか打ち上げられなくなってしまいます。これでは研究者の研究の機会が極端に少なくなってしまいます。そこで、おおむね5年に3機打ち上げることを目標として、小型科学衛星の計画が立ち上がったのです。

標準バスを開発することになった理由も、打ち上げ頻度の向上が目的です。標準バスがあれば短期間、低コストでさまざまな科学衛星を作ることができます。

他プロジェクトのメンバーはライバルであり仲間でもある

宇宙研の科学衛星がプロジェクトとして決まるには、宇宙研内の宇宙理学委員会や宇宙工学委員会に計画を提案します。どの提案も思いつきや夢物語ではなく、予算さえつけばすぐにでも作り始められるレベルまで作り込まれたものです。この中で今やるべき科学観測や工学的目標が決められ、承認されれば開発が始まります。

標準バスを採用した小型科学衛星の1号機として、「ひさき」が正式にプロジェクト化されたのは2009年1月です。ここからは衛星の製作に入り、機器を作っては試験、組み上げては試験と、試験の連続になりました。

「ひさき」のプロジェクトには、小型科学衛星向けにほかの提案書を書いた人も参加して

試験のため移動する「ひさき」

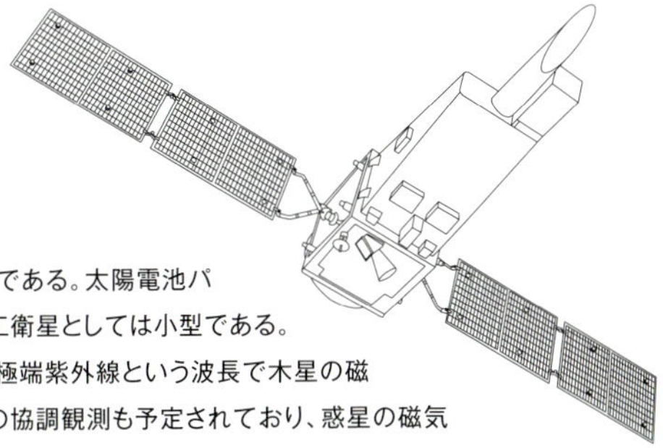

「ひさき（SPRINT-A）」とは

「ひさき」は世界で初めて惑星観測専用に開発された宇宙望遠鏡である。太陽電池パネルを広げた幅は約7メートル、高さ約4メートル。重量348キロと人工衛星としては小型である。「ひさき」が搭載する望遠鏡「極端紫外線望遠鏡（EXCEED）」は、極端紫外線という波長で木星の磁気圏や金星の大気を観測する。2014年にはハッブル宇宙望遠鏡との協調観測も予定されており、惑星の磁気圏の役割や、惑星大気が長期にわたってどう変化するかなどの解明が期待される。

「SPRINTバス」という標準バスを採用していることも「ひさき」の特徴である。人工衛星には、各機器へ配分する電力の調整、通信、姿勢制御、温度管理など、どの人工衛星にも共通して必要となる機能がある。これらをまとめて「バス」という。「ひさき」はバス機能を共通化し、ほかの衛星でも利用できるように開発されている。

います。最初の小型科学衛星がうまくいけば自分の計画の実現が近づきますから、小型科学衛星の潜在的な受益者でもあるわけです。小型科学衛星のシリーズを盛り上げようと集まっている感じですね。

実はここでも打ち上げの頻度が重要になってきます。次々に打ち上げられると思えばこそ、今回は採択されなくても次回までによりよい提案にするモチベーションが出ますし、そのためにほかの研究者と手を組むといった方法も柔軟に取れるようになります。科学衛星を頻繁に打ち上げることで、健全な協力関係を作ることができるのです。

「ひさき」の次は月を目指す

わたしはこれまで、イプシロンロケットの前身であるM-Vロケットの姿勢制御用サイドジェットや、「はやぶさ」のターゲットマーカーを担当してきました。宇宙研は人が少ないですから、工学であれば色々なことをやります。

もともと興味を持っているのは月・惑星探査です。小型科学衛星として、月探査を行う計画を「ひさき」と同時期に提案しました。

2009年に月探査機「かぐや」が月面に見つけた、3つの大きな縦穴があります。直径や深さは50メートルほどで、なぜこのような地形ができたのか、中はどうなっているのか謎のままです。この近くにピンポイントで着陸し、穴の中を探査する計画です。月面は太陽が当たる場所の温度が100度以上、影がマイナス200度近くという過酷な環境です。しかしこの穴の中は温度差が比較的小さく、将来の月基地に使える可能性があります。

今回はプロジェクトとして認められませんでしたが、「ひさき」を終えたらよりよいものにして再提案したいと思っています。

澤井秀次郎

1966年生まれ。東京大学大学院工学系研究科航空宇宙工学専攻博士課程修了。工学博士。セミオーダーメイド型の標準バスシステムの開発や天体着陸技術の研究、スペースプレーン技術を実証する飛翔システムの検討などを研究テーマとする。専門は制御工学。

輸送

ロケットのパーツが組み上がり、
日本各地から鹿児島県、大隅半島の打ち上げ場へと集まってくる。
これらの輸送先は、肝付町の内之浦にある
内之浦宇宙空間観測所である。
一部の大きなパーツは海路を運ばれ、
内之浦の漁港で水切りされる。

1段モータを載せた船が内之浦漁港へ接岸しようとしている

水切り前の打ち合わせ

1段モータがトランスポータに載せられる

1段モータを積み終え、出発の時刻を待つ

深夜、交通規制のもと内之浦の町を通過していく

人が歩く程度の速度でゆっくりと進んでいく

鹿児島県の東側、大隅半島にある内之浦宇宙空間観測所の全景
イプシロンロケットは左端の整備塔で最終点検され、太平洋へ向かって打ち上げられる

INTERVIEW 06

就職活動直前まで知らなかったJAXAでの刺激的な毎日

小野哲也（JAXA 宇宙輸送ミッション本部 イプシロンロケットプロジェクトチーム 開発員）

日本の宇宙開発の中心を担うJAXAで働きたいと思う人は少なくないだろう。
宇宙関係の仕事に就くといっても、そこへの道は大学で航空宇宙工学や天文学を学ぶ以外にもさまざまある。
イプシロンロケットプロジェクトチームの若手代表として
射場運用と射点設備開発を担当する小野哲也さんに話を聞いた。

高専時のインターンシップで初めてJAXAを知る

JAXAのことを知ったのは高等専門学校（高専）を卒業する1年前、4年生の時でした。いろいろな企業や官公庁がインターンシップとして職場体験プログラムを行っていて、その一覧の中にJAXAがありました。ほかの会社ではなくJAXAのインターンシップに参加したのは、名前に「宇宙」が入っていて、なにか大きいことをやっていそうだと感じたからです。

筑波宇宙センターでの1週間のインターンシップでは、JAXAが将来、国際宇宙ステーションでやろうとしている実験の基礎研究を行っているところに配属されました。この体験で、今まで遠い存在だった宇宙を身近に感じ、宇宙に関係する仕事がしたい、JAXAで働きたいと強く思うようになりました。

高専で学んだのは機械工学です。いわゆる宇宙ではなく、一般の工学系の勉強をしました。高専の卒業生の就職先は、自動車などの製造業が多いですね。変わったところでは造幣局もあります。

JAXAへの就職活動、自分の場合

JAXAの採用への応募は、まずエントリーシートを提出します。その後筆記試験と面接がありました。筆記試験は機械や物理など基礎的な科目の中から1つ選びます。面接は3回くらいありました。

筆記試験でも面接でも、宇宙やロケットの知識を試された記憶はないですね。それらはJAXAに入ってから学んでも遅くはないと思います。それよりは入社後にどんなことをしたいか、どんな人間になりたいかの意欲を高く持つことが大切な気がします。それには業界の現場に触れてみるのが効果的です。筑波や相模原、内之浦や種子島などにあるJAXAの施設を訪ねてみてもよいですし、わたしのように職場体験の機会があるかもしれません。JAXAはタウンミーティングを全国で定期的に開催していますから、それを聞きに行くのもいいかもしれません。自分で行動して生のものに触れ、吸収することが大事です。

どの業界でも同じでしょうが、いろいろな分野ごとに専門用語や考え方があります。わたし

連続写真

「発射装置とダミーロケット」

実機と同じ大きさと重さのダミーロケットを使用し
発射装置の動作を確認する。

の経験上、新卒者は、深い専門性がなくても理系の仕事における基礎的な共通知識・言語やある種のセンスのようなものがあればひとまず大丈夫です。あとは入ってから専門知識をどう吸収し実践していくか、センスを磨いていくかが重要といえます。

ロケットを打ち上げる仕事のやりがい

　今はこうして内之浦宇宙空間観測所から打ち上げるイプシロンロケットを担当していますが、JAXAに入社して最初に配属されたのは種子島宇宙センターでした。ここで3年半、H-IIAやH-IIBの打ち上げの仕事をしていました。

　わたしは入社以来ずっとロケットの仕事をしています。種子島・内之浦両方の打ち上げに携われて大変幸せに感じます。その他JAXAの仕事には、衛星や有人など実にさまざまな分野があります。

　種子島配属後の最初の打ち上げは管制室に入れず屋外から見ました。すごい迫力でしたね。何キロも離れていてもすさまじい音と光と振動です。こんな大きいものを組み立てて宇宙に打ち上げる現場で働いているんだと実感できた瞬間でした。

　ロケットの打ち上げの映像はテレビで流れたりしますし、イプシロンロケットも新聞に載っていたりします。そういうときに「自分たちの仕事が一般の報道に出ている。影響が大きいんだな」と改めてやりがいを感じますね。宇宙をどっぷりやっている会社はそう多くはありませんし、ロケットの打ち上げが成功したときの達成感は言葉にできないほどです。ロケット開発の現場は貴重な経験が多く、刺激的な毎日を送っています。

小野哲也

1986年大阪市生まれ。2007年大阪府立高専卒業。同年、JAXAに入社、種子島宇宙センターに配属され3年半、H-IIA/Bロケットの射場運用・射点設備保全に従事。筑波宇宙センターに転勤後、イプシロンロケットの射場運用と発射装置等の射点設備開発を担当。

組み立て

イプシロンロケットを構成するパーツが
内之浦宇宙空間観測所に集結した。
観測所内の組立室では人工衛星のロケットへの結合を含めた
組み立てが行われる。
ここでイプシロンロケットは1段目、1段目と2段目の段間部、
2段目から上の3つにまとめられる。

点火器の一部。町工場で撮影したロータホルダがここに使われている

2段モータ。天地を逆にして作業している

3段モータと2段機器搭載部が組み合わされ、2段モータに重ねられる

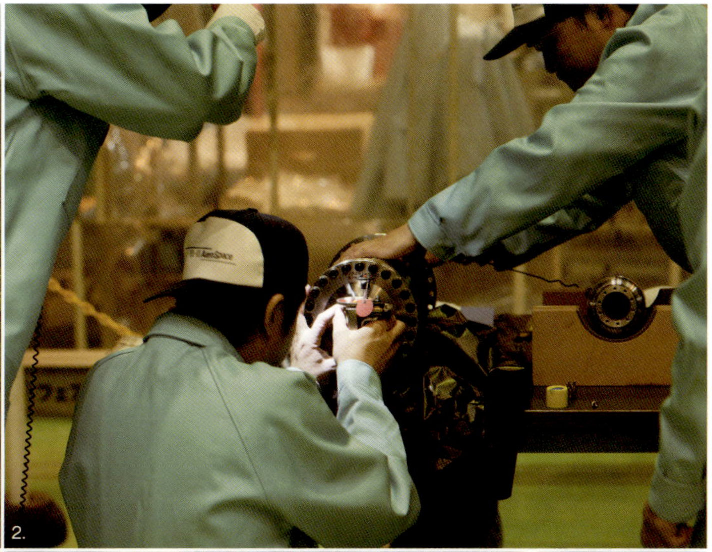

1. イプシロンロケットの整備塔（左）と組立室（右）　2. 点火器の組み立て
3. 組立室内の門型クレーンで吊り上げられた2段モータ　4. 組立室奥のクリーンブースに立てられた第2段と3段モータ

「ひさき」のロケットへの結合が始まる

イプシロンロケットの先端部

ロケットに組み付けられた「ひさき」

フェアリングで覆われていく「ひさき」

フェアリングの2枚のパネルがロケットの先端部をカバーした

組立室内へ運び込まれた1段モータ

1段モータのノズル横に空調用のダクトが差し込まれている

INTERVIEW 07

組織間の細かな調整を経て イプシロンは完成する

宇井恭一（JAXA 宇宙輸送ミッション本部 イプシロンロケットプロジェクトチーム 主任開発員）

ロケットの開発にはさまざまな組織やメーカーが関わってくる。
開発を成功させるには、背景が異なる者どうしをうまく仲立ちしなければならない。
イプシロンロケットはM-VロケットとH-IIA/Bロケットという2つのロケットの技術を組み合わせており、設計には独特の困難があった。
イプシロンロケットの開発でさまざまな調整にあたった宇井恭一さんに話を聞いた。

異なる組織が作ったロケットを組み合わせる難しさ

わたしの担当のひとつはイプシロンロケットの構造系、簡単に言うとロケットの形を作る円筒、いわゆる「ドンガラ」部分です。

イプシロンロケットは2つのロケットをもとに作られています。M-Vロケットの構造系を活用している部分と、フェアリングを中心にH-IIA/Bロケットの技術を活用している部分があり、これらの構造的特徴を組み合わせています。

M-Vは宇宙科学研究所（ISAS）、H-IIAは宇宙開発事業団（NASDA）と異なる組織で開発されました。それぞれに設計思想がありますから、イプシロンでもそれに準じた設計にしたほうが単体としては信頼性の高いものになります。

違う思想で作られたロケットを組み合わせるとき、設計条件にどう落とし込んでいくかが難しいところでした。たとえばM-Vは世界最高性能の固体燃料ロケットを目指して、ぎりぎりの設計がされていました。イプシロンのために手を加えると設計変更の影響がどこまで及ぶか、最初は予想がつかないこともありました。イプシロンロケットを完全に新規に設計できたら、ここまで大変ではなかっただろうとは正直思います。

衛星とのインタフェース調整で煙道を新設

ほかに担当したのは衛星とのインタフェースです。人工衛星をイプシロンロケットに問題なく載せられるようにする仕事で、たとえば打ち上げ時に衛星がさらされる環境条件を調整します。環境条件とは具体的には振動、音、衝撃、熱、圧力などですが、一方で射点に新設した煙道設計の担当でもあり、設計にはより重圧がかかりました。

イプシロンの射点はM-Vロケットまで使われていたものです。それまでは打ち上げ時の爆音が射点から機体へ反射し、衛星に厳しい音響環境でした。新設した煙道では噴射ガスを横に逃がすことで音響環境を改善し、衛星の乗り心地をよくしています。

メーカーが異なる機器を統合させるために粘り強く調整

メーカー間の調整で一番難しかったのは、競合するメーカー間での技術情報の取り扱い

イプシロンロケットの主要部位の担当企業

株式会社IHIエアロスペース (a)
・システム開発、機体製造
・第1段、第2段、第3段固体モータ
・固体モータサイドジェット
・小型液体推進系

日本電気株式会社
・計測通信系機器
・誘導制御計算機

三菱プレシジョン株式会社 (e)
・レートジャイロパッケージ

宇宙技術開発株式会社
・飛行安全管制システム改修

川崎重工業株式会社 (b)
・フェアリング

三菱重工業株式会社 (c)
・第2段ガスジェット装置

日本航空電子工業株式会社 (d)
・慣性センサユニット
・横加速度計測装置

三菱スペース・ソフトウェア株式会社
・イプシロンロケット開発 プロセス管理システム

明星電気株式会社
・ロケット搭載カメラ

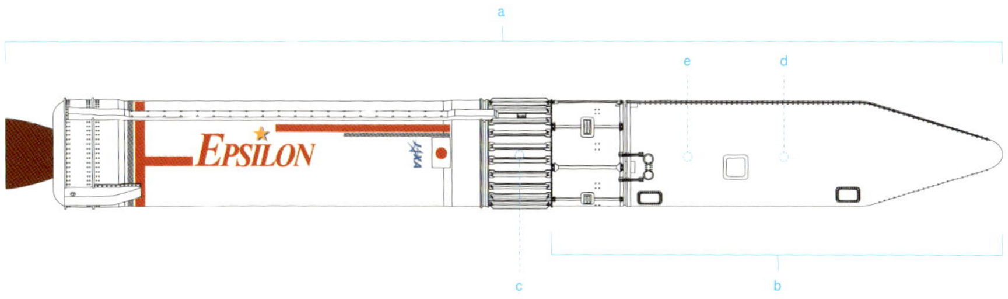

でした。イプシロンロケットの機体システムメーカーはIHIエアロスペースですが、機体を構成するサブシステムの中には設計や製造をほかのメーカーが担当しているものもあります。たとえばフェアリングは川崎重工業、ガスジェットは三菱重工業が作っています。ところがこれらはIHIエアロスペースでも作っていて競合他社にあたるのです。異なるメーカーが作るシステムをきちんと統合させてロケットをうまく機能させるには、設計情報や開発情報の共有がとても重要になります。しかしすべての情報を競合他社へ渡すわけにはいきません。

そこでインタフェース情報を規定して、システムどうしを統合させるための情報をどこまで出してもらうかを決めていきます。ここで決めた範囲まではルールに従い、お互いの担当部分は自由に設計しましょうということになります。とはいえ設計というものは数字やスペックですっきり分かれるほど単純ではなく、苦労もありました。こちらのメーカーさんは他メーカーさんの設計情報が欲しい、相手はそれは出せませんという綱引きが起きます。情報を出せる範囲に限界がある中どこまで出してもらうか、この壁を乗り越えるのが難しいのです。

情報をもらえないときは、細かい設計情報がなぜ必要なのかをメーカーさんに納得してもらうよう骨を折りました。それでもだめなときは、今出せる情報の中で問題ないといえるようになるまでとことん協議していきます。システム統合の調整ではこの2つのステップを根気強く積み重ねていきました。

打ち上げ直前でも調整は続いています。ここまで来ると設計や製造を根本的に変えることはありませんが、打ち上げを確実に成功させるために、最後の最後までできるだけ多くの情報を共有し、確認し合うのです。

宇井恭一

1976年、丸亀市生まれ。東京工業大学大学院博士課程修了。2005年JAXA入社。宇宙科学研究所にて、振動・衝撃試験設備を担当しつつ、M-Vロケット8号機、7号機の射場オペに参加。2007年よりイプシロンロケットに携わる。主に構造・機構系、液体推進系、ペイロードインタフェースを担当。

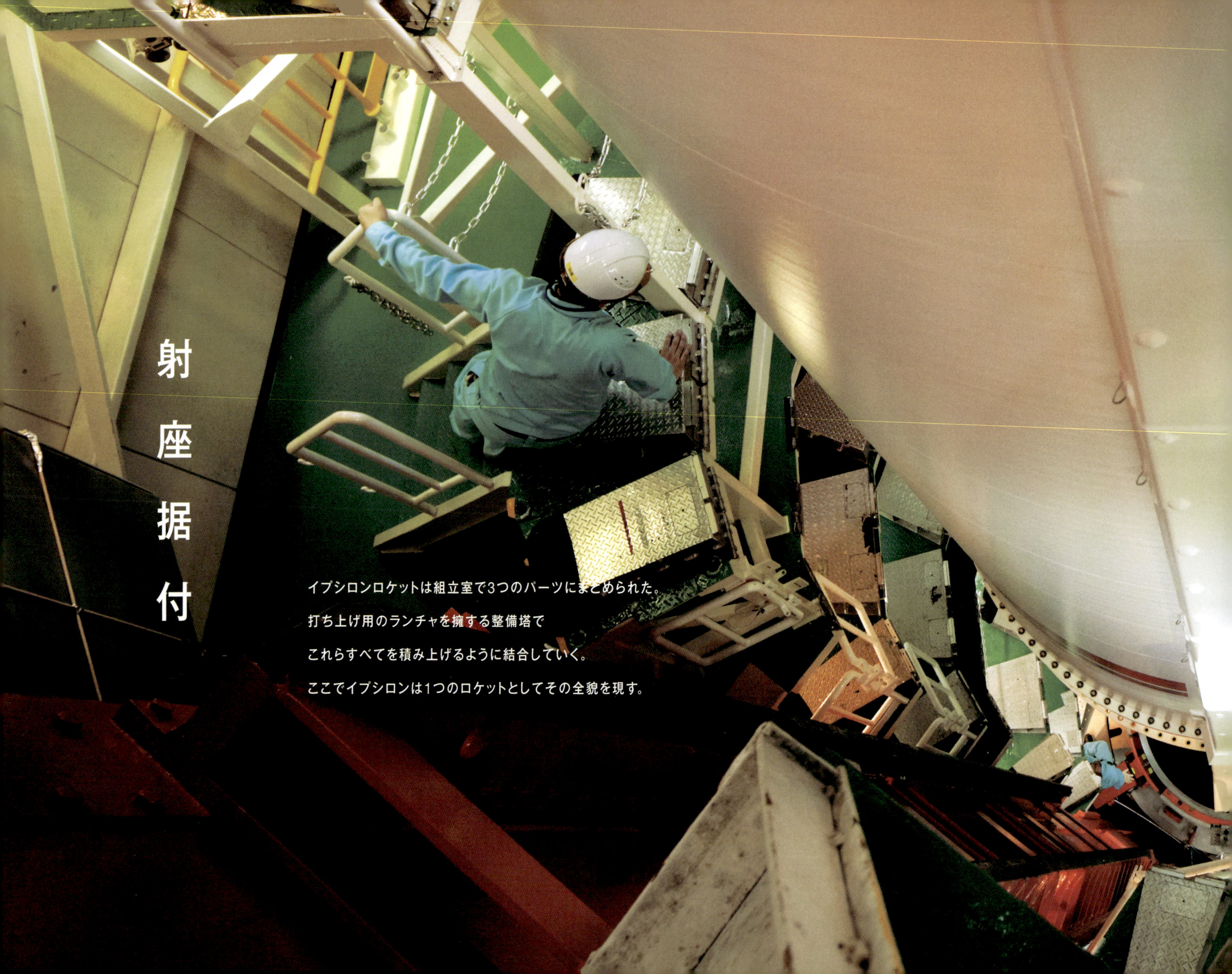

射座据付

イプシロンロケットは組立室で3つのパーツにまとめられた。
打ち上げ用のランチャを擁する整備塔で
これらすべてを積み上げるように結合していく。
ここでイプシロンは1つのロケットとしてその全貌を現す。

組立室から特殊車両で整備塔へ運ばれる1段モータ

1. 整備塔へ近づいていく1段モータ　2. 整備塔のクレーンとクレーン車で1段モータの両端を吊り上げる
3. 細心の注意を払いながら1段モータを立てていく　4. 1段モータが整備塔内へゆっくりと吸い込まれていく

いったん整備塔の最上部へ吊り上げた1段モータを射座へ下ろしていく

1段モータと第2段の段間部が組み付けられ、各種のケーブルが接続されていく

イプシロンロケットの頭胴部が組立室内のクリーンブースから姿を現した

門型クレーンに押されて
組立室から外へ出ていく

1段モータと同様に、整備塔のクレーンで塔内へ吊り上げられていく

整備塔内へ移動していく頭胴部

INTERVIEW 08

巨大プロジェクトのマネジメント手法とは

井元隆行（JAXA 宇宙輸送ミッション本部 イプシロンロケットプロジェクトチーム サブマネージャ）

ロケットの開発はきわめて大きなプロジェクトである。
人工衛星打ち上げ用としては小型のイプシロンロケットでも開発には数百億円と数年間がかかり、部品点数はロケット本体だけで数十万点に及ぶ。
このような巨大プロジェクトを完遂するための分業化と、各担当に的確に仕事を割り振る役割について、
イプシロンロケットプロジェクトのサブマネージャを務める井元隆行さんに聞いた。

各担当の専門家を横通しで取りまとめるのが自分の役割

ロケットの設計はまず、頭の中のイメージを図や文章にして少人数でレビューすることから始めます。ここでの粗い設計をもとに、担当となる専門家を決めていきます。担当にはたとえば構造系、推進系、電気系といった縦割りの分類があります。イプシロンロケットの開発ではワーキンググループを組織し、各担当の役割分担をしっかり決めて、それぞれ責任を持って進めてもらいます。とはいえ縦割りの組織だけではうまく進みません。それぞれの担当分野を横通しで見て、取りまとめる人が必要になります。それがわたしの役割です。各担当のアウトプットを自分のところで統合し、調和のとれたものにしていきます。いわば凸凹をならして、全体としてうまくいくようにするのです。

イプシロンロケットのプロジェクトでわたしが直接やり取りする相手は100人くらいでしょうか。プロジェクトメンバーやJAXA内の別の部署に仕事を依頼したり、依頼されたりします。また、機体開発メーカーや設備整備メーカーの方々とやり取りします。そのなかでプロジェクト方針と要求の明示や作業計画の設定などをやります。さらに、関係機関の方々、たとえば船舶関係や国や地方公共団体の方々とのやり取りもあります。そこでプロジェクトとして実施すべき作業が明確になったりします。

多くの人が関わりながら、プロジェクトは進行していく

わたしが直接やり取りする相手に限らなければ、イプシロンロケットに関係する方々は全部合わせると、おそらく1万人以上になるでしょう。

取りまとめ役は正確なパスを素早く出さなければならない

わたしの仕事をサッカーにたとえると、自分のところに次々と飛んでくるボールを適切に

処理することです。そのボールを仲間にパスしたり、自分でシュートしたりします。サッカーと異なるのは、一度にいろいろなボールが飛んでくることです。ロケット開発では専門的な仕事を大量に処理する必要があるのです。

こちらからのパスが増えるのは、開発が立ち上がって、各担当に仕事をどんどん割り振っていくときです。そして設計がまとまったり試験が始まったりすると逆にたくさんボールが飛んできます。

飛んできたボールを適切に処理するには、サッカー選手と同じように視野を広くして短時間で最適な判断をすることが求められます。全体の作業を円滑に進めるために、たくさん飛んでくるボールの処理手順が重要になります。まず自分で処理すべきボールと仲間にパスすべきボールを仕分け、次に仲間にパスを出し、その後に自分で処理すべきボールを処理します。ポイントは、自分のところでボールをためこまないこと、それからパスの正確性と素早さです。ここで迷っていると後の作業が遅れてしまいます。かといって、何をどのようにやるか、やってもらうかの判断を間違えると後で問題が発生してしまいます。

また、用件を伝えるときは相手にわかりやすくするために、こちらの意思を明確に示すように心がけています。あいまいな言葉や表現を使うと誤解されて伝わり、結果的に作業の遅れなどにつながるからです。

ロケット開発では、進むべき方向性の設定や技術課題の解決などさまざまな局面で、多種多様な判断が求められます。その際に正確な判断ができるようにすることが大事で、同時に素早さも要求される仕事なのです。

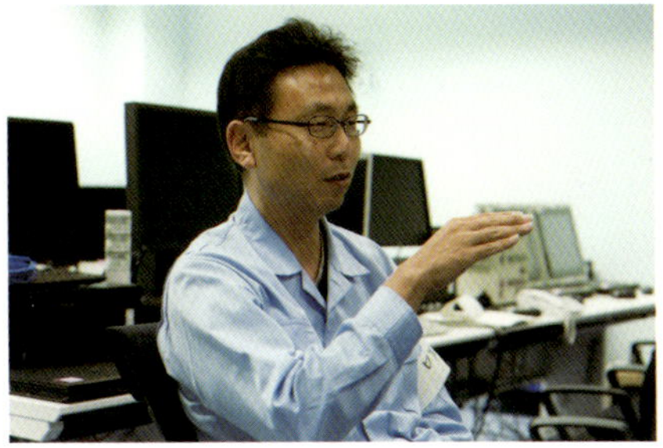

井元隆行

1965年大分市生まれ。九州大学大学院工学研究科応用力学専攻修了。1989年宇宙開発事業団入社。H-IIロケットのエンジン・推進系開発担当、H-IIAロケットの開発とりまとめ担当を経て、イプシロンロケット研究開始当初から開発とりまとめを担当。若田宇宙飛行士は大学時代の同級生。

打ち上げ

2013年9月14日午後2時00分。

イプシロンロケットは地上を飛び立ち、

人工衛星「ひさき」を地球周回軌道へ送り届ける。

この時のためのあらゆる準備が

問題なく機能するかが試される。

打ち上げリハーサルのために
整備塔内の扉がゆっくりと開き
イプシロンロケットが姿を見せた

リハーサル時のランチャとイプシロン

EPSILON

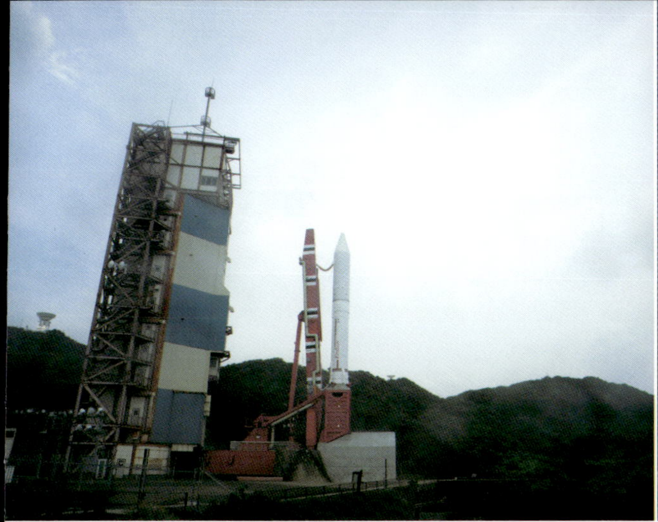
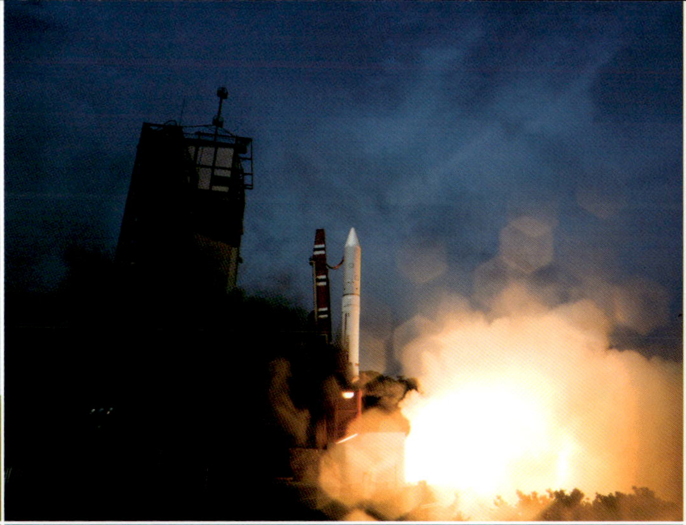
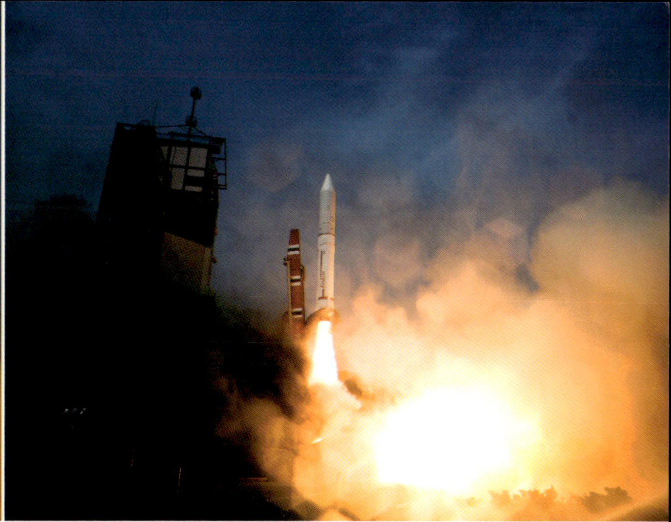
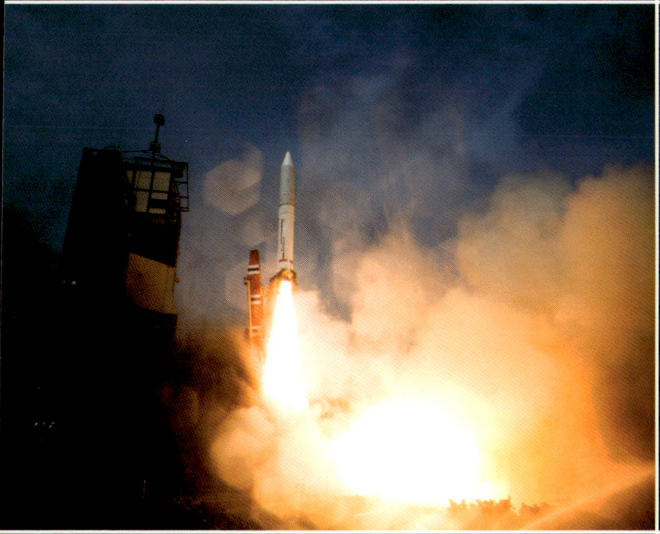
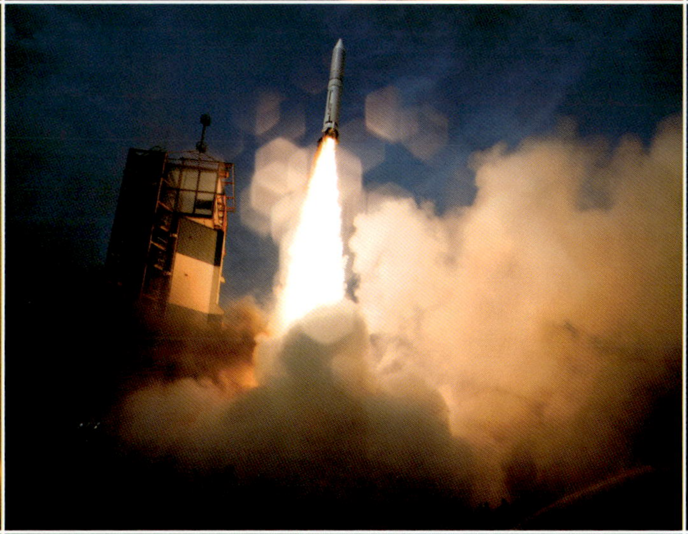
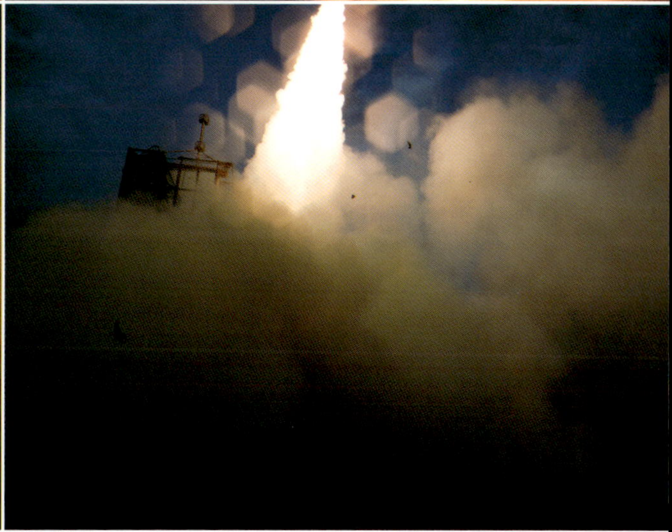

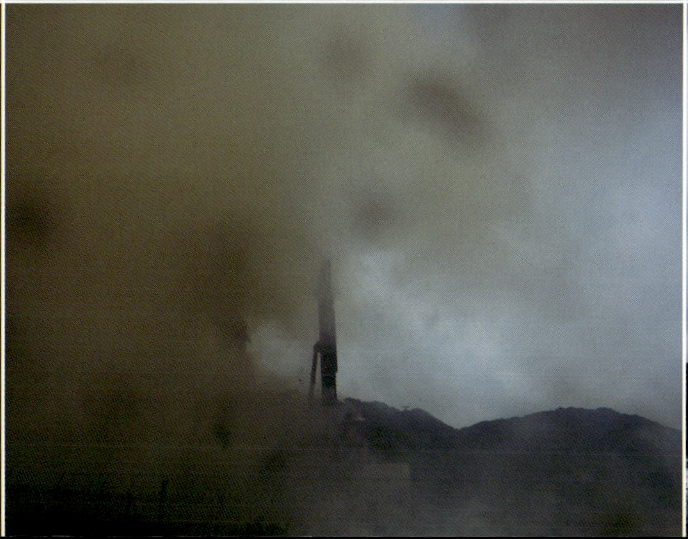
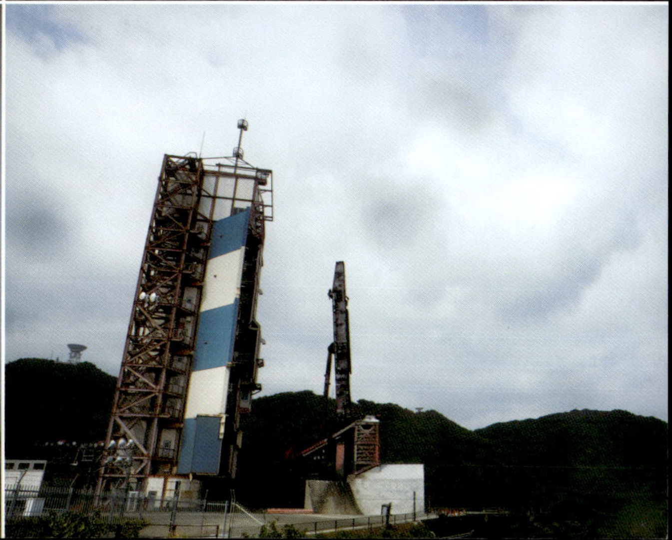

INTERVIEW 09

イプシロンロケットが目指す「ロケットの革命」とは

森田泰弘
（JAXA 宇宙輸送ミッション本部 イプシロンロケットプロジェクトチーム プロジェクトマネージャ）

イプシロンロケットの初打ち上げは無事に成功した。
2度の打ち上げ延期を乗り越え、新しいコンセプトを果敢に取り込んで産声を上げた。
そのイプシロンロケットが生まれた背景や今後について、
イプシロンロケットの生みの親、プロジェクトマネージャの森田泰弘さんに聞いた。

試験機の打ち上げを終えて

イプシロンロケット試験機の打ち上げから2週間経って、今は重要なデータの解析がひと通り終わったところです。打ち上げ直後に感じた通り、すべてがしっかりうまく機能したと確認できました。

ロケットというものは本来ちゃんと上がって当たり前で、上がったから単純にうれしいというものではありませんが、軌道はピッタリ決まっていたし衛星のミッション達成状況も良好です。モバイル管制のような世界初の試みに挑戦して実現できたことに達成感があります。

それに今回のイプシロンの打ち上げは内之浦の皆さん、宇宙ファンの皆さんが自分たちの夢をイプシロンに託して応援してくれた部分が非常に大きかったので、そういう人たちの気持ちにしっかり応えることができたというのが大きいですね。単なるロケット開発ではなくて、我々と皆さんが完全に一体となって打ち上げを行った、そんなロケットだったんだなと思います。だから「おめでとう」という言葉が文字通りの意味ではなく、我々と苦労を共にした人たちの言葉と感じます。イプシロンの先代であるM-Vロケットが2006年に廃止されて7年、我々がくじけずに来られたのはそういう皆さんの応援のおかげで、「本当によかったですね」「7年間苦労したけれどもがんばってよかったですね」と言われたのが一番うれしいです。

内之浦の皆さんから千羽鶴が贈られる

M-Vからイプシロンへ

1997年にM-Vロケットの1号機が上がったあと、M-Vの次をどうするかということを考え始めました。M-Vは世界最高性能を目指した究極の固体燃料ロケットですが問題もありました。コストが高いほかに、組み立てや点検といった打ち上げ準備作業、我々は「運用」と呼んでいますが、これが非常に手間のかかるものでした。ですから、次のロケットでは運用性を上げなければならないという考えがありました。つまりイプシロンの原型は、M-Vの1号機を打った瞬間からあったことになります。ただその時考えていたことはイプシロンほどの大きな改革ではありませんでした。

2006年にM-Vが廃止された理由にはコスト高のほかに、固体燃料ロケットというシステムが成熟の領域に到達して、もう研究開発する要素がないのではという考えがありました。しかしそれは誤解で、固体燃料ロケットはさらに発展する潜在能力を秘めていること、そもそも世界の宇宙開発の発展を考えていくと、ロケットの性能やコストだけでなく、打ち上げシステム自体の改革が絶対に必要となることを明らかにしていきました。

そして2010年8月に「次期固体ロケット」という名前を卒業し、正式に「イプシロンロケット」という名前がついて、新しい固体燃料ロケットの開発が正式に認められました。これはイプシロンロケットの意義が固体燃料ロケットの発展という観点だけでなく、日本のロケットの発展という観点でも必要なミッションだという評価が下されたということでした。

2006年から4年間にわたる研究が終わり、2010年にイプシロンロケットの開発が始まってからはやるべきことは全部決まっていて、あとは全速力で突っ走るだけでした。

新しいロケットに必要なものはなにか、それを考えていた4年間は我々からするとまさに暗中模索、地図もなく磁石もない世界の中で暗闇を歩き続けた期間です。そしてようやく我々は打ち上げシステムの改革やモバイル管制に明かりを見出しました。新しいことを生み出す醍醐味を味わったと言えるでしょう。苦しい一方で楽しい4年間でした。みんなよくがんばったと思いますよ。

逆境こそ成長のチャンス

僕は自分をM-Vの分身みたいな存在だと思っているので、M-Vが廃止になって本当に悔しかったんです。しかしもともと研究者というのは前向きで、「ピンチはチャンス」なんですね。「逆境こそ成長のチャンス」が我々の基本的な姿勢です。M-Vの廃止はつらく苦しい、悲しいことだったけれども、それはまったく新しいことを始めるチャンスでもありました。

M-Vが廃止になったおかげで、皮肉にも大きな挑戦に取り組むことができました。M-Vという偉大なロケットがあったままでは、それを一掃する開発はあり得なかったでしょう。

今後固体燃料ロケットが本当に発展できるか、あるいは日本の宇宙ロケットが発展できるかはこれからにかかっていますが、最初の大事な一歩は踏み出せたという思いはありますね。

打ち上げシステムの改革をモバイル管制で

M-Vロケットの運用をシンプルにしない限り、我々の未来はないという認識はもともとありました。

ロケットの打ち上げはM-Vに限らず、大きな設備と長い期間に大人数を投入しないと実現できません。時間と人手をかけてできるならそうすればよいという考え方で、頻繁に打ち上げるのが難しいシステムです。しかし宇宙開発や宇宙利用を活性化するには、打ち上げシステムをシンプルにして打ち上げ頻度を上げなければならない。そうして宇宙に挑戦するみんなのチャンスを増やしていかなければ、宇宙への敷居は低くならない。そういう危機感がありました。

打ち上げシステムをシンプルにする方策のひとつがモバイル管制です。これでまず、大きな管制室がうんとコンパクトになります。これは毎年のメンテナンスを考えるとメリットが大きいです。また人員も減り、いままで100人いた管制室が数人になります。桁が変わるわけですね。

そしてモバイル管制をどうやって実現するかの手段として、人工知能を使った自律点検といったアイデアが生まれてきたわけです。これでロケットの準備作業にかかる日数は、何か月というオーダーが何日というオーダーに変わってきます。これも桁が変わります。

管制室をモバイルにするだけで、設備は小さく期間は短く、人数は少なくという打ち上げシステムの改革に直結するわけです。これをやるべきだと我々は考えました。

だから我々の目標はあくまでも打ち上げシステムの改革、たとえばモバイル管制システムの実現であって、そのための方策が人工知能なり自律点検なりであったということです。

宇宙研と旧NASDA、それぞれの領分

イプシロンロケットは筑波（旧NASDA）の宇宙輸送ミッション本部での開発でした。といってもM-Vを開発した相模原の宇宙研がなにもしなかったわけではなく、宇宙研と宇宙輸送ミッション本部が一体となって開発しています。

2つの組織にはそれぞれにメリットがあって、長所を引き出し合ったのが今回の開発です。イプシロンロケットの開発は単なる固体燃料ロケットの開発ではなく、我が国がこれまで積み上げてきた宇宙ロケット開発の集大成とも言えるでしょう。

たとえば宇宙研は研究・教育機関ですから、新しいことに挑戦しやすいし突飛なことを言い出しやすい、そういう環境があります。筑波はターゲットを決めたら必要な作業へ落とし込み、それをいろいろな人に割り振って実現させることにかけては天才的です。

夢のようなビジョンを掲げる柔軟な発想と、そのビジョンを形あるものに仕上げていく実現能力。両方のいいところがイプシロンの開発で出たといえるでしょう。当初は苦労した部分もありましたが、2006年に「次期固体ロケット」として研究を始めてから7年たってみると、うまく融合したといえます。

今年は2003年にJAXAが発足して10年です。その節目の年にイプシロンが飛んで行ったというのはなにか意味がありそうですよね。

相模原で行われた試験の様子

イプシロンロケットの2段階開発とE-X2号機の改良点

イプシロンロケットの開発は2段階で行います。第1段階で開発する「E-X」は革新技術の開拓、第2段階の「E-I」は高性能と低コスト技術の開拓と、目標を2つに分けています。

今回打ち上げたイプシロンロケット試験機はE-Xです。モバイル管制のような世界初の革新的技術、これからの宇宙輸送系にとって非常に重要な技術を実証します。第2段階のE-Iは将来の実現を目指して検討中です。高性能かつ低コストの「高度化イプシロン」とも言うべき機体です。

といってもE-Xはすべて同じ機体というわけではありません。E-Xの段階でもE-Iに向けた新技術の先行実証を行います。再来年の2015年にジオスペース探査衛星（ERG）を打ち上げるE-Xの2号機では、まず上段を改良します。上段は軽くした時の効果が大きくなるからです。2号機はこの改良によって、打ち上げ性能が2割ほど上がります。

これからのロケットの低コスト化と高性能化のポイントは、構造と搭載電子機器です。

まず機体の構造を簡単にして軽くすると低コスト化、高性能化につながります。シンプルな構造は作りやすいためコストが下がります。また最新の材料で作って軽くすると打ち上げ性能が上がります。

たとえばPBS（オプションの液体推進系）のフレームは今はアルミ製の組み立て部品です。これをCFRP（炭素繊維強化プラスチック）の一体成型で作れれば軽くなると同時に、組み立て作業がなくなることによる低コスト化を実現できます。丈夫になった上

に何百キロというオーダーで軽くなり、性能が上がるのです。

電子機器も最新の部品や民生品を使って小型軽量、低コストにします。ロケットの通信装置は今はひとかかえもありますが、これを最新の部品で作れば携帯電話サイズになります。

ほかに電子機器では、リレーを機械式から半導体リレーに替えます。ロケットの中には点火装置がたくさんあり、そこにリレーというスイッチが使われています。リレーをパタンと倒すと電流が流れて火がつきます。このリレーが今は全部機械式で数十個載っており、リレーを集めたリレーボックスはみかん箱ほどの大きさになります。これを半導体リレーに替えてあげることで、みかん箱がタバコの箱くらいに小さくなります。これでまた小型軽量化、低コスト化を図れます。

イプシロンが目指す世界とは

今後の宇宙ロケットはもっと頻度が上がっている世界、特殊な打ち上げ射場がいらない世界が来たらいいなと思ってやっています。究極の目的はロケットが飛行機と同じくらい身近なものになる世界で、それを思い描きながら一歩ずつ進んでいきましょうというのがイプシロンロケットです。

今回は打ち上げシステムを改革し、管制室をパソコン数台にしてしまいました。次はロケットを打ち上げてからの追跡管制を改革しようとしています。打ち上げたロケットは高性能なレーダーやアンテナで追いかけていますが、それがいらなくなるような世界です。具体的には、ロケットの追跡がテレビの中継車に載っているような小さなアンテナひとつですむようにします。つまりロケットには発射台さえあればよく、打ち上げまでの管制はモバイル管制でパソコン2台ですみ、打ち上がったあとの追跡管制も小さなアンテナひとつですむ。そうなるとモバイルな設備だけでロケットの打ち上げが可能になります。そういう世界がE-Iで実現されようとしています。

E-Iは発射台こそ必要ですが、打ち上げ管制も追跡管制も小さくなります。これで未来のロケットのひな形ができたことになります。イプシロンは、ロケットを簡単に打てるしくみを開拓しようとしているのです。

リーダーから学んだリーダーシップ

ロケット開発というと最先端の科学技術ですからドライにやっているとお思いかもしれませんが実は正反対で、すべて人間の力で成り立っています。一人ひとりが長い時間をかけてコツコツ積み上げていったものが、最後の瞬間にきれいにひとつに合体して美しい打ち上げにつながる、そういう面があります。

そういうことの大切さを教えてくれた先生が二人います。

一人は糸川英夫先生の直弟子で、1992年から宇宙研の所長を務めた秋葉鐐二郎先生です。僕が大学院生として宇宙研に来た時に、秋葉先生はまずこうおっしゃいました。「森田君、宇宙開発やロケット開発は人間関係だからな」。

人を大事にしない限り、君一人の力ではなにもできないよということをおっしゃってくださいました。実はこれはおそらく博士論文についてのことだったと思うんです。自分ひとりの力では博士論文は書けないよというぐらいの意味だったと思うんですが、以来30年間ずっと大事にしている言葉です。

その言葉が現実の世界として見えたのはもう一人、M-Vロケットの先代プロジェクトマネージャを務めて宇宙研の所長を先日退任された小野田淳次郎先生からです。「ロケットの開発や打ち上げはみんなの気持ちが一つになっていないとできない、みんなの心を一つにしていないといいロケット開発はできないよ」ということをおっしゃってくれましたし、また実際に打ち上げの瞬間までみんなをまとめる姿を見てもその通りだとわかることばかりでした。言葉にするだけでなく自分の姿でも見せていたのです。

人の力はもっとも大切で、人の力を一つにしない限り決していいロケット開発はできないということを二人の先生方から教わって、それは今でも大事なことだと思っています。イプシロンの打ち上げでもそのことはがんばったつもりです。

イプシロンの「E」には「Education」の意味もあります。これは単なる「教育」という意味ではありません。ロケットの開発を通して人を育て、人を活かし、技術を人でつないでいく、伝えていくのだという思いを込めているのです。

（2013年9月30日、宇宙科学研究所森田研究室にて）

森田泰弘

1958年、東京生まれ。工学博士。イプシロンロケットのプロジェクトマネージャとして、日本の固体燃料ロケット開発をリードする。宇宙システムの誘導制御が研究テーマ。

イプシロンロケット試験機（初号機）では、イプシロンに対する期待や希望、夢などのメッセージを公募し、それを小さく文字列化したうえでデザインの一部として機体に掲載しました。
イプシロンへの理解を深め、親しみをもってもらうことを目的としたこの企画には、1か月弱の間に5,812件もの投稿がありました。

撮影後記

西澤 丞

気象情報や通信、GPSなどに使われる人工衛星は、私たちの暮らしになくてはならないものであり、それを宇宙まで運んでゆくロケットは、インフラの一部と言っても過言ではないだろう。もちろん科学や工業で成り立っている日本にとって、先端技術を開発する最前線という意味合いもある。しかしながら、ロケットを開発している現場の情報は少なく、個人的に危機感を感じていた。ロケットの重要性が理解されていなければ、安く飛ばせる海外に頼めばいいと考える人も出てくるだろうし、ロケットに関わる職業について知らなければ、子どもたちが職業を選ぶ時の選択肢にすら入らないからだ。そのような危機感からロケットの開発現場を撮影したいと考えるようになったが、撮影できるまでの道のりは長かった。最初は漠然とロケット全般、2回目はH-IIB、そして今回のイプシロンと都合3回ほど取材申請を行い、その間の交渉なども含めれば7年越しでようやく撮影することができたのだ。

実際の撮影に際しては、現場の安全基準に従うのはもちろんのこと、被写体が国家機密でもあることから、撮影した写真はすべて厳重なチェックを受け、問題があると判定された写真はすべて破棄するという段取りで進めていった。人が近づけないために無人カメラを使って撮影しなければいけない日もあれば、撮影した写真の大部分を捨てなければいけない日もあるといった具合だ。

今振り返ると色々な苦労があったが、作業をしている人たちと同じ場所で撮影できたことは、私にとって非常に価値のあることだった。当事者の視点に立って初めて第三者に伝わる写真になるし、私は伝えることを目的に撮影しているからだ。また、そのような意味では、本書を手にとってくださった「あなた」がいて初めて私の仕事が完了したこととなる。最後まで読んでくれて本当に感謝だ。ありがとう!!

イプシロン・ザ・ロケット　— 新型固体燃料ロケット、誕生の瞬間

2013年11月11日　初版第1刷発行
2014年 1月11日　初版第2刷発行

写真	西澤 丞
企画立案・編集・構成	中島史朗、西澤 丞
プロデュース	眼龍千里
アートディレクション	中島史朗
インタビュー・執筆	今村勇輔
進行	田村英男
デザイン	川本拓三、大坪さつき
アカウント	村田 宏、城所由起
企画・制作	株式会社ソニー・ミュージックコミュニケーションズ
協力	独立行政法人宇宙航空研究開発機構（JAXA）
発行所	株式会社オライリー・ジャパン 〒160-0002　東京都新宿区坂町26番地27 インテリジェントプラザビル 1F Tel　03 3356 5227　Fax　03 3356 5263 E-mail　japan@oreilly.co.jp
発売元	株式会社オーム社 〒101-8460　東京都千代田区神田錦町3-1 Tel　03 3233 0641（代表）　Fax 03 3233 3440
印刷・製本	株式会社ルナテック

ISBN978-4-87311-639-6　Printed in Japan

〈 取材先 〉

独立行政法人宇宙航空研究開発機構（JAXA）
www.jaxa.jp

株式会社IHIエアロスペース
www.ihi.co.jp/ia/

川崎重工業株式会社
www.khi.co.jp

株式会社青木精機製作所
www.aoki-seiki.co.jp

三幸機械株式会社
www.sankokikai.co.jp

山口精機株式会社
www.yamaguchi-seiki.co.jp